東レの本社がある東京・中央区の日本橋三井タワー

繊維

（左上）ポリアミド繊維「東レナイロン」、（左下）ポリエステル繊維「東レテトロン」製造設備、（中）絹調ポリエステル素材「シルック」を使用したドレス、（右）ディスポーサブル型防護服「LIVMOA（リブモア）」

プラスチック・ケミカル

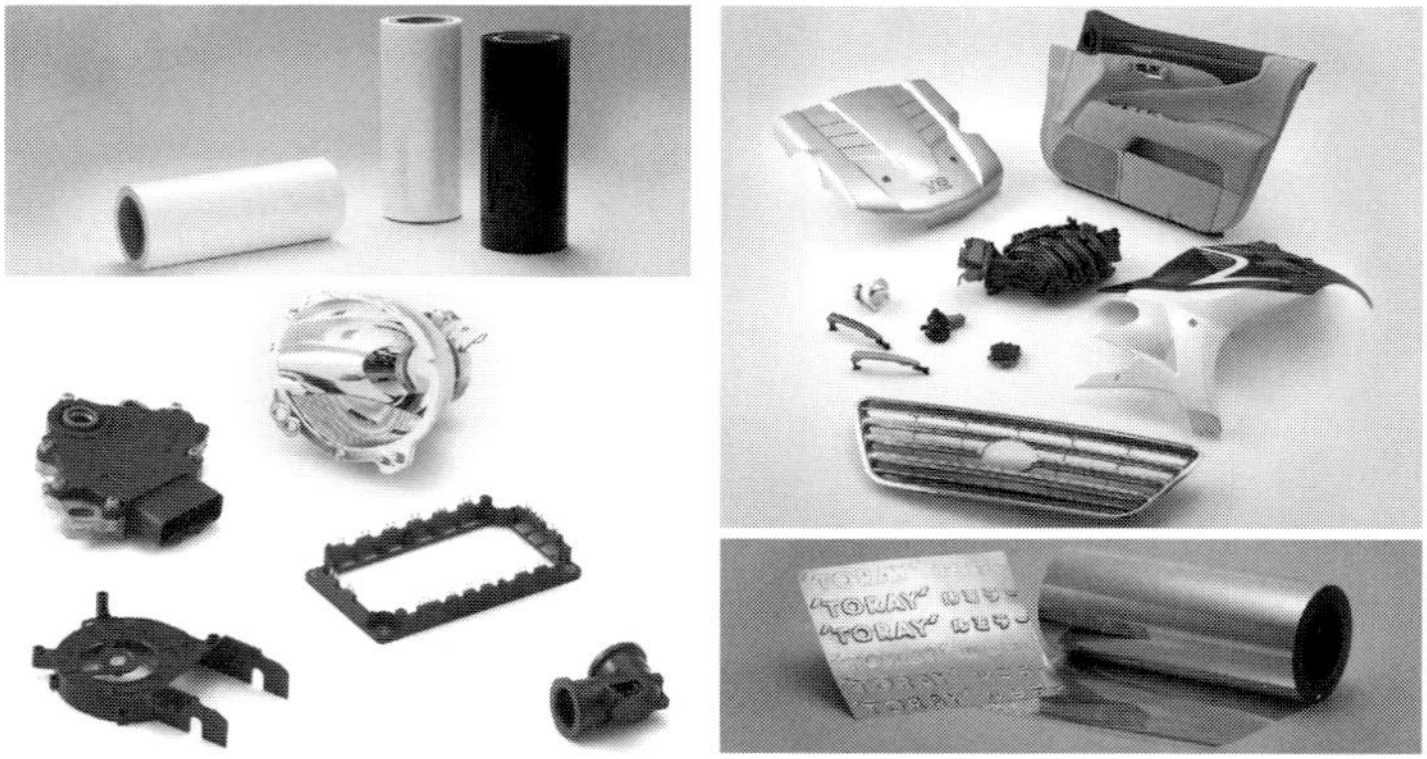

（左上）ポリエステルフィルム「ルミラー」、（右上）ABS樹脂「トヨラック」やPBT樹脂「トレコン」などの東レ樹脂使用製品、（左下）PPS樹脂「トレリナ」製品、（右下）金属光沢調・易成型フィルム「PICASUS（ピカサス）」

情報通信材料・機器

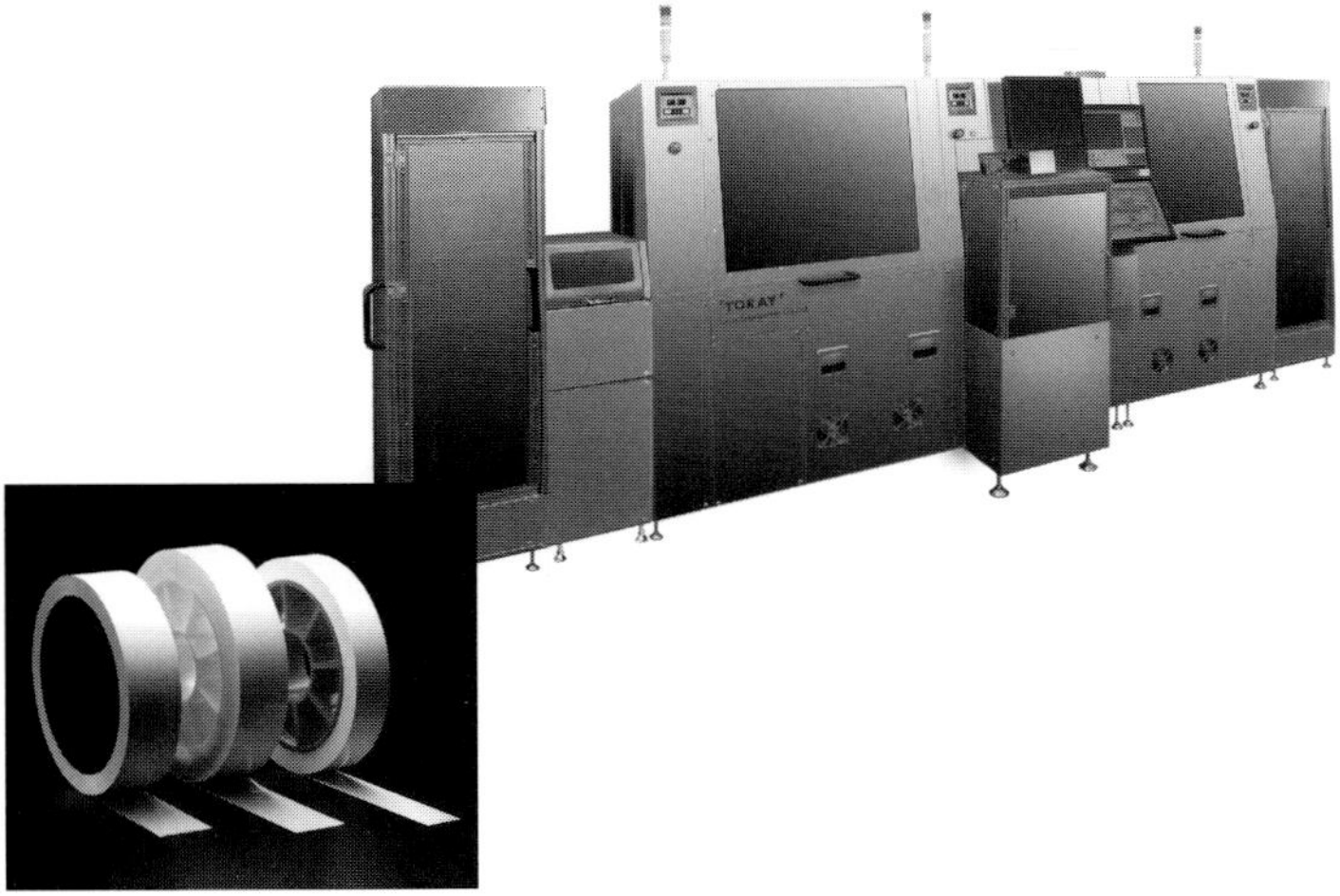

（左）リチウムイオン二次電池向けのバッテリーセパレータフィルム「セティーラ」、
（右）半導体・FPD（フラットパネルディスプレー）関連装置

炭素繊維複合材料

（左）PAN系炭素繊維糸「トレカ」、（右）トレカを使用したPC筐体などの成形品

環境・エンジニアリング

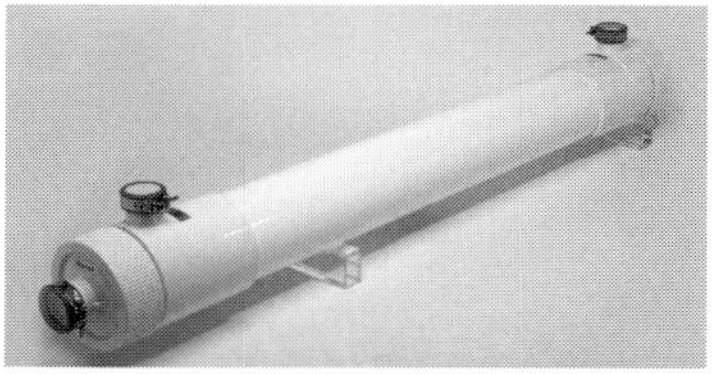

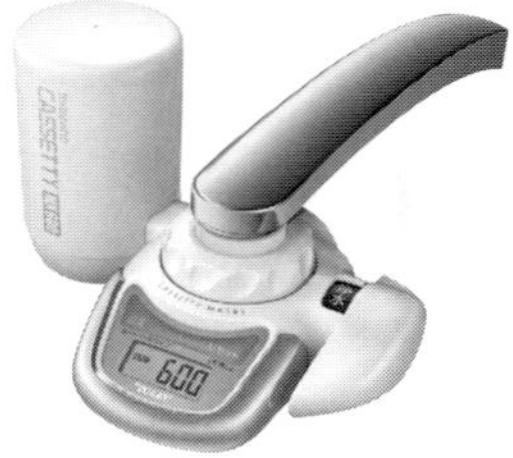

（左上）逆浸透（RO）膜エレメント「ロメンブラ」、（右上）限外ろ過、精密ろ過膜モジュール「トレフィル」、（左下）家庭用浄水器「トレビーノ」、（右下）東レ建設のマンション「シャリエ茨木」

ライフサイエンス・その他

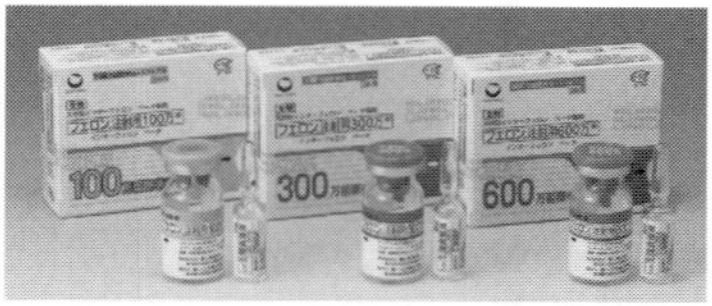

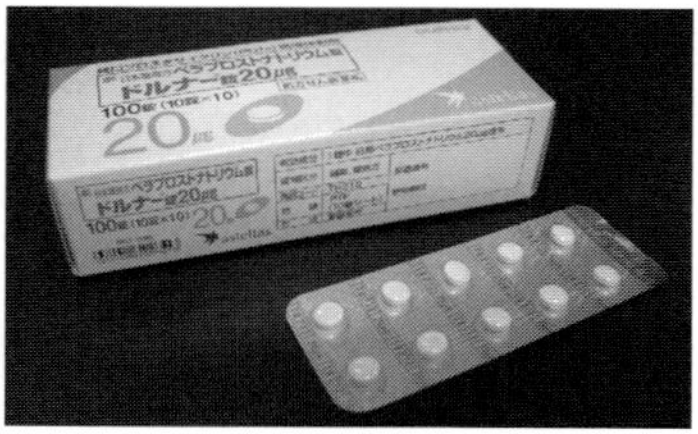

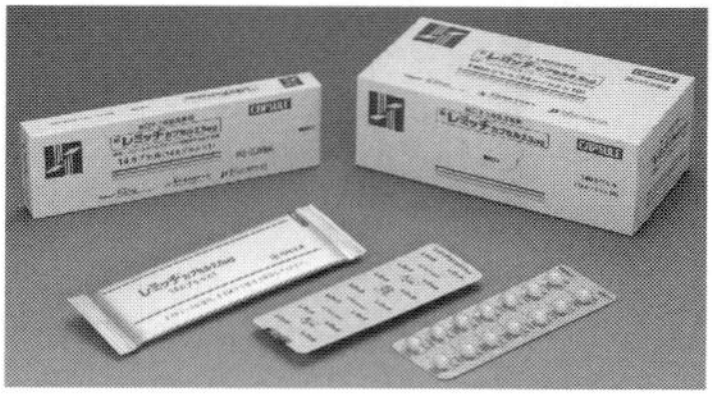

（左上）肝炎治療薬「フエロン」、（右上）末梢循環障害治療薬「ドルナー」、（左下）そう痒症改善剤「レミッチ」、（右下）中空糸型透析器「トレライトNV」

（上）東レ パン・パシフィック・オープンテニストーナメント 2016で右から優勝したキャロライン・ウォズニアッキ選手と日覺東レ社長、準優勝した日本人の大坂なおみ選手、（下）上海国際マラソン

（上）2016年東レキャンペーンガール 海老沼さくら、（中・下）東レの企業広告

（上）青空サイエンス教室、（下）タイ東レ科学振興財団贈呈式（2015年度）

（上）創立90周年記念パーティー（滋賀事業場）、（下）未来創造研究センター（完成図）

リーディング・カンパニーシリーズ

東レ

改訂版

井上正広／佐藤眞次郎／久野康成

出版文化社

第1章　トップが語る東レグループ　代表取締役社長　日覺　昭廣

第2章　東レグループと業界の歴史

c o n t e n t s

目次

第6章　東レグループの人材戦略

第7章　東レグループの経営分析

contents

目次

contents

目次

本文組版／小堀由美子（アトリエゼロ）

chapter 1

第1章

トップが語る東レグループ

「人が基本」「企業は社会の公器」を基本とし、
倫理観の高い日本的経営の良さを強みとする東レ。
日覺社長は 2010 年にトップに就任し、
「答えはすべて現場にある」と言い続けて
企業体質に磨きをかけてきた。
素材には社会を本質的に変える力があると説き、
新しい素材の開発を通じて常に世の中の発展に
貢献していくことを目標としている。
自身のこれまでの歩みや仕事の進め方から
グローバル展開、そして新たなる経営手法、
未来像まで余すところなく語ってもらった。

インタビュアー・ジャーナリスト
井上 正広

現場に行き、現状を把握して分析すればおのずと答えは出てきます。そして「フォア・ザ・カンパニー」の姿勢でやるべきことをやり遂げることが成功に導いてくれるのです。こうしたチャレンジを続け、新しい素材を世に送り出し、世の中を変えていきます。

代表取締役社長

日覺《にっかく》 昭廣《あきひろ》

「不易」のぶれない姿勢で理想にまい進

一九四九（昭和二四）年、私は兵庫県三木市に生まれました。日覺という苗字は三木市でも珍しく、祖先はどうも僧侶の家系であったようです。インターネットで調べると、法華宗に日覺大僧正という人物が実在したようです。昔、先祖が江戸に出てお寺を開いた、といった話も聞いたことがありました。

三木市にはため池がたくさんあって子どもの頃は魚釣りをして遊び、中学校ではバスケットボール、高校生のときはオートバイに熱中していました。もともと自動車が好きで、幼い頃から自動車のエンジンというものに興味を抱き、その後、実際にエンジンのキャブレター（気化器）や点火プラグなどをいじるようになりました。

本はあまり読みませんでしたが、親から「勉強しろ」と言われたことは一度もありませんでした。その代わり、何でも自分で考えて、自分で試していました。振り返ってみると、当時から「現場」というものが好きだったのでしょうかね。前田勝之助元東レ会長は「現実直視」とよく言われていましたが、私は「答えはすべて現場にある」と言っています。前田元会長は大変な読書家で、かつて私に「あの本を読んだのでは、この本を読んだのでは？」と聞かれましたが、一切読んでいないとお答えしました。しかし、前田元会長も私も言い方は違えども結局は同じことを考えている、と最近考えるようになりました。

ある程度勉強ができる子どもは先生にお世辞を言ったりしますが、私は逆に、「先生が間違っている」と指摘して叱られたりしていました（笑）。数年前に母が亡くなり、遺品を整理していたとき、小学校六年生当時の担任教師に何か自分の言葉を書きなさいと言われて私が書いた短冊が出てきまして、そこには「理想と目的に向かって常に前進」と書いてありました。不易流行という言葉がありますが年を重ねてもこの考えは「不易」（変わらないこと、本質の意）で変わっていないな、と驚きました。

機械に触れるのが好きでしたから、進路はおのずと工学部を選びました。大学は船用機械学科の専攻で自動車用エンジンの設計やＤＯＨＣ（ダブル・オーバーヘッド・カムシャフト）のバルブやピストンリングなどの設計を学びました。その後、大学院では産業機械工学を勉強しました。研究室では当時最先端の分野であったコンピューターで機械を動かすという草分け的な研究を行っており、ミニコンピューターで機械を制御するという考え方に魅力を感じ、システム工学のマスター（修士号）を取得しました。

研究職でなく工場勤務を望み東レに入社

修士課程を終えた私は一九七三（昭和四八）年四月、東レに入社しました。機械やプラント、設備などを学んだという意味では、鉄鋼や重工業、自動車のメーカーといった選択肢もあったのですが重工業の会社でガスタービンの開発、自動車メーカーでクランクシャフトの設計などに従事しても、専門家になるには一〇年はかかるといわれました。大学や大学院でそういった分野についてはもう十分にやってきたという思いがあったので、社会人になったら、大きなプラントなどを実際に設計して、ものづくりの仕事をやりたいという思いが強く、それらには食指が動かされませんでした。

そうしたなかで東レという会社は、ナイロンをはじめとする各種の素材を、自社で開発していました。まだ世の中にないものをつくる訳ですから、当然、製造設備も、ゼロから設計しつくり上げる。当時はそういう企業が多かったかと思いますが、東レも必要な設備を自分たちでつくるところからやっていました。しかも、ナイロンの製造販売で結構儲けていて、初任給は当時、一番高額でした。

東レには優秀な人材も多く育っていて、さらに一九四九（昭和二四）年にＪＩＳ

（日本工業規格）が制定される前から、TRS（東洋レーヨンスタンダード）と呼ばれる分厚い設計指針を全部自前で整備するなど、相当先進的な会社でした。外部からは本社のある東京都中央区日本橋室町にちなんで「室町通産省」などと呼ばれており、レベルの高い研究を行っていた訳です。そういう会社だったので、大学教授の紹介を受けると、迷わず決めたというのが入社の経緯です。

そうして入った東レでは、理系の大学院などを出た技術職の同期が滋賀事業場（滋賀県大津市）の中央研究所に行くなか、私は面接のときから「現場」勤務を希望していたため滋賀事業場の施設部工務課の配属となり、フィルム製造設備の保全点検の担当となりました。人事の担当者は初め、大学院を出た者は単純に研究所配属と考えていようですが、プラントなどを建設する仕事に就きたいと申し出ていたので、配慮してくれたようです。当時では異色な存在だったのかもしれません。

現場勤務では、「現場」の力はやはりすごいものだ、というのが第一印象でした。大学時代も一応、エンジンの設計から始めて実際につくって回すといったことはしてきましたが、ラインに入って製品に触るという経験は当然初めてです。しかも、担当となったフィルムの製造設備には毎日のように不具合が起こる。配属の後、最初の現場実習である製造現場では中卒や高卒の皆さんが、簡単な工作機械を使って不具合のあった製造設備を溶接したり、切削加工したりして自らの手で直していました。現在ならこうした修理は外注に出したり、交換部品を持ってきてユニットごと取り替えるのでしょうが、当時は全部、自分たちで切ったりつなげたりして、故障した設備や壊れた機械を再び動くようにしていたのです。これは大したものだと圧倒されました。蛇足ですが、最近の大学の工学部では、実際にエンジンなどをつくったりはしないそうです。われわれが学生の頃は学校に工作機械やデモのエンジンなどがあって、自分でバネなどを設計して動かしていました。大学の関係者に伺ったら、部品が壊れて飛んだりしたら危険だし、ケガをしかねないので、学生は機械には触れず、代わりにシミュレーションで勉強しているそうです。はたしてそういう教育でいいものでしょうか。私は実際にものに触れて、つくりあげるという経験が重要だと思うのです。

ともあれ、座学では学べない「現場」の力の重要性ということを最初に徹底的に叩き込まれました。それに関しては、後に、岐阜工場に勤務したときにも体験しました。あるとき、本社スタッフが工場にやってきていろいろと話すのですが、その人は現場勤務の経験がなく、言っていることが正確でなかったり、曖昧模糊《あいまいもこ》としていたりで現場の人たちと意見が食い違いました。本社スタッフがいくら「そんなはずはない」「あるべきはこうだ」と言っても、現実は全然違います。なぜなら「現場」で起きている事実だけが、現実だからです。

その意味で、「現場」を経験した人の言葉は非常に重い。一方、現場を知らない人は教科書に書かれている知識があって、それがどんなに普遍性を持っていたとしても、「現場」で起きているトラブルの本当の原因や解決策はわからないのです。「現場」を経験している人は、例えば「これではうまくいかない」ということが見えているから、はっきりとした説明ができます。「現場」を経験せずに頭で考えるだけの人は、「ダメかもわからないけれど、いいかもしれない」など突き詰めると曖昧になるものです。この差は非常に大きくて、最終的な結果は雲泥の差になるのです。

現在の製造現場は様変わりしていますが、私がいた当時は工場と本社との間に距離がありました。本社スタッフは大卒ばかりで、工場は中卒や高卒の人たちがメインでした。高卒といっても工業高校を首席で卒業するような優秀な人たちばかりだったのですが、やはり「現場」から本社にはものが言いにくかったのです。そのようななかでも、私はよく本社に注文を付けていました。改めて信念をもって言えることは、「現場」で、自身の身をもって体験することの大切さです。学卒の人も一年、二年、三年としっかりと「現場」で実習することが、その後のその人にとっての大きな財産になると考えています。後に、私が本社スタッフで工場に行ったときはある課題に対して、現場にいる相手の意見をとことん聞いて、話し合ってこちらの意見を告げました。その場では私の意見に首をかしげていましたが、モチベーションをもって彼自身が一生懸命考えてくれて一、二週間後には私の言ったことの本質に気づいてくれました。もちろん、私もフォローアップはしましたが、本人が当事者意識を持って真剣に考えたことで成長してくれたのです。私はこういう風に部下を導き、いかにベクトルを合わせるか、ということに腐心してきました。

フィルムの増産対応に追われた岐阜、三島工場時代

入社四年目を迎えた一九七六（昭和五一）年に、私はポリエステルフィルム「ルミラー」や人工皮革「エクセーヌ」を製造する岐阜工場（岐阜県神戸町）に転勤となりました。「ルミラー」の生産ラインの担当です。幅広い素材をつくっている東レの場合、ひと口に工場と言っても、スタイルもカラーもそれぞれ違います。滋賀事業場は中央研究所がある関係で、研究・技術開発の色彩が強く、石川工場（石川県能美市）は伝統的な繊維の拠点、名古屋事業場（名古屋市港区）と東海工場

（愛知県東海市）はケミカルプラントです。これに対してフィルム工場は、大きな生産ラインが一本あり、動かし始めると簡単にはストップできないというのが特徴です。繊維の工場だとメインのライン以外にもサブラインがたくさんあるため、サブラインを改良して製品開発などにも流用できますが、フィルムの場合はラインが一本なので、改良の仕方などもおのずと違ったアプローチが必要になります。

私は最終的に、この岐阜工場に一九八二（昭和五七）年までいることになるのですが、幸運だったのはこの間、受注が好調だったことです。第二次オイルショックによる不景気により会社の業績が急速に悪化し、繊維をはじめとする各工場が時短操業を迫られるなかでも、ビデオテープ向けの「ルミラー」を製造していた岐阜工場はフル操業が続き、毎年のように生産ラインを増設していました。それでも需要に生産が追いつかず、「ルミラー」を求めるSONYやTDKといったお客様のトラックが供給を待って工場の前にずらっと並んでいました。加えて「エクセーヌ」も国内外のお客様から引っ張りだこという好況にあったので、結局、東レのなかで利益を上げている工場は岐阜だけという時代でした。この間、ほとんど休みなしで働いていました。このときに経験したのは、じつは同じ設備を用いて同じラインをつくっても、同じように動くとは限らないということです。ちょっとした機械の傾きや使う水の水圧の強弱によってもできるフィルムは違ってくるのです。これは、生産ラインを実際に何本も立ち上げてみないとわからないことで、本にも書いてありませんでした。「答えは現場にある」ということを実感した訳です。

岐阜工場では一九七六（昭和五一）年から一九八二年までの六年間に、第四次から第七次に至る「ルミラー」ラインの増設に携わり、その後、滋賀の工務第2部へ異動となって、本社スタッフとして一九八二年から三島工場（静岡県三島市）の第一次「ルミラー」ラインの新規立ち上げを皮切りに、第五次の増設まで担当しました。一九八〇年代半ばは、ＶＨＳ（ビデオ・ホーム・システム）の爆発的な普及によってビデオテープの需要が世界的に拡大した時期で、ビデオテープを製造する日本の電機メーカーもこぞって海外の生産拠点を増やしていました。「ルミラー」を納めている東レに対しても現地生産を求める声が強くなり、一九八五（昭和六〇）年に買収した米国ロードアイランド州のポリプロピレンフィルムメーカーの「トレア社」［現トーレ・プラスチックス（アメリカ）社］に新工場を建設し、「ルミラー」を生産する決定がなされました。当然、その現地責任者には何度も国内で増設を担当した私に白羽の矢が立ちました。初の海外勤務でしたが、「よし、やってやろう！」との気概で現地に乗り込んだのは、一九八九（平成元）年、四〇歳のときです。

米・仏両国の勤務で深めた「答えは現場にある」の本質

新天地での新しい工場の立ち上げというのは、言うに及ばず大変なものです。特に痛感したのは、日米の従業員の雇用形態や慣習の違いでした。アメリカは、平等ということに非常に敏感な社会で、すべての面において平等に接することに気を配らなければなりませんでした。アメリカに実際に住んだ方はおわかりでしょうが、実際のアメリカ社会は、こんな不平等な社会が存在しているのかと驚くほどですし、民族的なディスクリミネーション（差別）も感じさせます。それが社会に厳として存在しているからこそ、最低限の部分で平等が重んじられているのです。日本人の感覚なら平等は当然ですが、アメリカでは平等を支えるバックボーンがまったく異なっているということです。だから、日本同様に他人に接すると、手痛いミスを犯すことになります。こうした違いは現地に行き、初めて理解できたことでした。

それから、ＩＳＯ（国際標準化機構）が定めるさまざまな規格や基準についても考え方を改めさせられました。個人的には、匠《たくみ》の技が支える日本の製造業にはＩＳＯは馴染まない、というのが持論です。しかし、一九八九年にアメリカに行き、次いで一九九六（平成八）年からフランス・リヨンで「ルミラー」の新工場立ち上げを経験して、ISOという基準は欧米においては必要だと感じたのです。

例えばアメリカでは、昨日までハンバーガーを売っていた人が当社のような化学製品の製造業に従事するケースも多いのです。アワリーのワーカーであったら三カ月もしたらもう一人前で、こうした人たちの仕事とはマニュアルどおりにやることなのです。マニュアル以下では当然許されませんが、マニュアル以上でも認められないのです。だから、彼らに最低限のことをさせるためにISOがあるという訳です。ISOで定められた仕事を続けて三カ月したら一人前、六カ月したらプロフェッショナルとなり、仮に時給一〇ドルの仕事ならば一〇ドルをもらうようになった段階で、昇給はなくなります。生産ラインにトラブルが生じた場合、このワーカーは対応せず、エンジニアを呼んで原因と対策を考える、という社会なのです。半面、日本の製造現場はご存じのようにまさに匠の世界で、現場経験二〇年、三〇年という人は、機械のトラブルの状況を見ただけでどこに不具合があるかがわかるほど熟練しています。徹底的に「現場」を見て、自分でも勉強をして、しかも昇給もするし、資格を取れば昇進もしていきます。

ですから社会の構成から成り立ち、バックグラウンドまで、日本とはまったく異なるアメリカ流の正しさのなかで生きてきた人に、日本と同様なことを求めても当然無理な話なのです。彼らの仕事ぶりを変えようと考えたら、バックボーンから何からすべて話し合った上で変えなければなりません。そのぶん、人を説得する場合にもそこまで入り込んでいかなければうまくいきません。

しかし逆に、そうしたバックボーンまでしっかりと話し合えば、契約社会なので意外にスムーズに物事が進みます。アメリカとフランスで工場立ち上げと安定操業に取り組んだ計一〇年間、私はどちらの工場も東レ流のやり方に変えていきました。すべては「現場」に合わせてきちんと正しいことをやる、ということが成功させる唯一の方法です。言い換えれば、問題解決のための「答えは現場にある」ということを証明した海外体験でした。

いま、改めて当時を振り返ってみると、たしかに個別の出来事のなかには失敗も多くありました。新しいラインをつくる際には通常、新しい技術を導入するなどといったチャレンジを行うためトラブルが発生するのです。しかし、設備やプラントをつくる立場の責任者として、「失敗でした」で終わる訳にはいきません。二、三日徹夜してでも改良して、必ず成功までもっていきました。

新ライン立ち上げのときには、導入する新しい機械や技術、新しい生産手法の是非をめぐってさまざまな意見が出ます。「この会社の設備を使ったらどうか」「こういうやり方がいいのでは」など喧々囂々《けんけんごうごう》の議論になります。私は国内、海外を問わず自分の経験をベースに綿密な計画を立て、上司や周りを説得しながら計画を確実に実現していく、という仕事のやり方を貫きました。意見が対立した上司に対しても自分の主張を曲げなかったため、かなりもめたこともありました。でも私は自分が信じること、信頼することを「やりたい」と主張してきました。かつてある上司から「この会社のマシンを使ったらどうか」と提案されて、不本意ながら導入したところ、設備がうまく稼働しないことがあったからです。それ以来、自分の経験と信念に基づいた判断を優先してきました。相手が仮に会社のトップであっても説得して、自分の思いどおりのことをやってきました。私はサラリーマンといえども、いや、むしろサラリーマンだからこそ自分がやりたいことを貫くことが大切だと考えます。上司に気兼ねしたり、へつらって自分のやりたいことをあきらめてしまっては、一生悔いが残るでしょう。ただし、自らの思ったことを貫くには人の何倍も勉強をする必要があります。勉強して、確信を持ってある程度の実績を積んだ上で意見を言えば、皆が耳を傾けてくれるようになるのです。

私が二〇〇五（平成一七）年に水処理事業本部長になったときも、自分のやり方、考えを貫きました。それまで東レでは、二、三人の営業マンが世界中を飛び回って海水淡水化用のＲＯ（逆浸透）膜などを売っていました。この人たちは非常に優秀な人たちなのですが、私から言わせれば、この売り方ではお客様は買う訳がないと考えてすぐに止めさせました。というのも、お客様の立場なら、あたかも「富山の薬売り」のように半年に一度程度しか訪れない営業マンから、水処理のキーデバイスであるＲＯ膜を買うとは思わなかったからです。水処理の現場では何か問題が起きたら営業マンにすぐに対応してもらわなければなりません。それぞれの地域の現地語でしっかり対応できる営業マンが売らなければ誰も買わない、と考えたのです。

私は水処理事業の現状を勉強した末にこの営業スタイルを変えて、水処理膜の「現場」に精通した営業のプロを新たに雇い、セールスチームをつくろうと考えました。これに対して、「できるのか」と社内では不安視する意見も出ましたが、できるかできないかが問題ではないのです。お客様の「現場」に応えようとしたらこの方法しかないし、ライバルに勝とうと思えばできないと思われることでもやるしかありません。六月に水処理事業本部長に就任し、現状把握と分析を行った後、九月にスタッフを集めてこの方針を発表しました。現地語にも精通した営業マンを二〇人ほどリストアップし、そのなかから一人に目星をつけ「東レにこないか」と直接スカウトしました。そのトップクラスのセールスマンが翌二〇〇六（平成一八）年の一月に入社し、彼がただちにセールスチームを結成して販売をてこ入れしたところ、売上がぐんと跳ね上がりました。

私は社内で「できるかできないかは一切聞かない、やるべきことをやってください」と言っています。できるかできないかを聞くと頭の良い人はできない理由を考えるものです。「できない理由を考える暇があったら、どうやるかを考えてください。できない理由は一切いらない」と強調しているところです。答えは現場にある訳で、現状を把握し分析してやることが決まれば、後はいかにしてやるかだけを考えることです。私は常にそう考えてやってきました。海外の現場でも日本語で「イイワケナシ」と言って、現地の従業員に納得してもらってきたのです。

東レ流「人が基本」「企業は社会の公器」の経営理念

当社は海外二五カ国に拠点があり、海外連結対象会社一五四社でグローバルに事業を展開しています。海外では、地域や民族ごとの特性や特徴をうまく生かしながら、基本的に東レの考え、理念をしっかりと浸透させる経営スタイルをとっています。アメリカだからアメリカ流の経営をするのであれば、わざわざ当社が現地に進出する必要はないでしょう。東レ流の経営が伴わなければ意味がありませんからね。

私が赴任したトーレ・プラスチックス（アメリカ）社は東レの傘下に入って三〇年になり、幹部もしっかりと育って立派に経営しています。これはリヨンのトーレ・プラスチックス（ヨーロッパ）社［現トーレ・フィルムズ（ヨーロッパ）社］も同じですし、マレーシアや中国、韓国も同様です。では、なぜ東レの海外オペレーションがうまくいっているのかを考察すると、東レが掲げる「人を基本とする経営」、そして「企業は社会の公器」という経営の基本的な方針が、世界中の誰にでも受け入れられやすいからではないかと考えます。まず、従業員を大切にして地域社会に貢献するというのが基本です。これはかつての「東洋レーヨンは社会に奉仕する」という社是と変わりありません。かつては欧米の企業も当社と同様でしたが、それが変わってしまったのは世界経済がマネーゲームによって動かされる金融資本主義が、欧米における企業経営の考え方の基本になったからだと思っています。

全世界のGDP（国内総生産）は七七兆ドルで世界の金融資産は三〇〇兆ドルある一方、ヘッジファンドは二兆ドルを動かしています。日米の会社・経営の考え方の違いを考えたとき、米国は投資家を代表する取締役が経営の意思決定をして執行役員が運営し、短期的な利益の拡大により株式価値を上げていく「金融資本主義」が主流で、日本は経営の意思決定を行う取締役が執行責任者と同一であり、株主だけでなく顧客や従業員、地域社会などすべてのステークホルダーが企業活動の成果である利益の分配にあずかる「公益資本主義」の企業が多いと定義できるでしょう。金融資産の動きとは直接関係のない製造業もマネーゲームの影響を受けて、業績が傾く企業も出ています。これは四半期決算ごとに「会社は株主のものだ」と主張するアクティビスト（物言う株主）が会社にやってきて、自分たちにだけ利益になる要求をするからです。欧米でも経営者や、実際に現場で実務をしている人は、そういうマネーゲームに影響されたくないと考えていますよ。本来、金融は実物経済の潤滑油のはずでしたが、金融工学を駆使した金融派生商品などによって金融経済が実体経済を超えてから経済や産業の雲行きがおかしくなってしまったのです。最近は実体経済へのマネーゲームの影響が益々強くなり、日本においても投資家の視点に立ち管理を強化する「スチュワードシップ・コード」や欧米型思考の性悪説への対応をベースとした管理規制強化の「コーポレートガバナンス・コード」への対応を迫られています。製造業の経営を熟知しない人たちの意見が、われわれ製造業の経営の足かせになっているのではないでしょうか。

トーレ・プラスチックス（アメリカ）社は赤字を続けた時期がありました。当時、アメリカ人たちは東レが従業員を解雇して工場を閉鎖するに違いないと考えていたと思います。われわれはそうせずに東レ流の経営を浸透させ、いまでは毎年五〇億円から六〇億円も稼ぐ優良企業に育っています。日本人のキーマンを現地に置いていますが、経営面はアメリカ人の社長をはじめとしてアメリカ人の幹部が活躍しています。別の米国子会社のアメリカ人社長は「東レは人件費を固定費として考えている。普通のアメリカの会社は人件費は比例費（いわゆる変動費）で、景気や業績が悪くなれば人を解雇して調整する。だからこの会社の離職率は周りの会社に比べて非常に低くなっている」と言って喜んでいます。

人件費を固定費にした場合、業績を上げるには、社員を教育して業務のパフォーマンスを高めるので、結果として従業員のモチベーションが高まり、しかも会社を辞めなくなります。これにより社内にノウハウが蓄積し効率がアップして、業績は良くなっていくという好循環になります。マネーゲームを意識した経営をしていたら、素材メーカーのような一〇年、二〇年をかけて行う研究・技術開発は絶対に不可能です。素材を通じて社会に貢献するには、長い時間をかけた研究・技術開発が必要なのです。大切なのは長期的視点に立ち研究・技術開発を維持・強化していくことです。四半期決算の数字に一喜一憂する短期的な視点ではないのです。しかも新しい素材の開発は、技術の蓄積がなければできません。例えば、組立メーカーならば一番良い部品を買ってきて組み立てれば、早く製品をつくることができるかもしれません。しかし素材の研究・技術開発には、何十年という経験と蓄積と実績があって初めて次の開発ができるものなのです。炭素繊維が注目されているから、いきなり始めようとしてもそれは不可能だと思います。素材メーカーのあるべき姿、あるべき経営を追求すれば、おのずといまの東レの経営スタイルになってくるということです。

「フォア・ザ・カンパニー」の徹底を

東レに入社してからいまに至るまで、私が「現場」主義と並んで常に仕事の上で意識してきたのは「フォア・ザ・カンパニー」という考え方です。ある課題に対して、オーナーや最終決定者ならばどう判断するか、という視点で物事を判断してきました。とかく部長ならば部、課長ならば課のメンツや過去のしがらみなど重要ではないことにこだわるものです。会社のために一番良いことをだけを考えて実行する「フォア・ザ・カンパニー」を私はずっと続けてきました。ですから、若い頃から上司と幾度となく衝突しました。「あいつは言うことを聞かん」と(笑)。しかし、過去のしがらみやメンツというのは保身のための言い訳に過ぎないのです。

例えば二〇〇一(平成一三)年にエンジニアリング部門長になったときもそうでした。エンジニアリングは社内でも有力な部門です。改めて各部各課の本音を聞くと皆が「設備が高い」「こちらの言い分を聞いてくれない」など不満が出ました。その声とエンジニアリング部門の現状を細かく分析しました。会社のために一番良いことは競争力のある設備を安くつくることです。その観点から試算し直すと三、四割ほどのコストダウンが可能だとわかりました。当時の前田勝之助会長に報告すると「そんなことができるのか」と驚かれましたよ(笑)。

それを実現するには、営業も生産も技術も含めた各部門の協力が必要でした。それぞれの部門が自分たちの最適解を求めるあまり、品種が増えたり、取り付ける装置を増やしたりと、過剰な設備になっていたからです。本当に必要なのはもっと機能を絞ったコンパクトな設備でした。

そこで私は、実行計画書をつくった上で、部下の担当者に機能を絞った設備に関して、事業性やコストなどを関係部署に説明させました。最初は「エンジニアリングが営業のことにまで口を出すな」と煙たがられたそうですが、東レが国際競争に勝つための設備を「フォア・ザ・カンパニー」の考え方でつくる、と説明して各部各課に理解してもらいました。これは従来はあった組織の壁を、「フォア・ザ・カンパニー」で乗り越えたというエピソードで、それ以降は意思疎通が密になり、いまでは世界一競争力のある設備をつくっていると思います。

私は翌二〇〇二（平成一四）年に取締役になりました。サラリーマンが役員になると置かれる立場も背負う責任も大きく変わり、景色が変わると言われます。社長になってから「あなたが決めてください」と求められて答えに窮する方もなかにはいるようですが、私は社長に就任してもプレッシャーを感じませんでした。若い頃からずっとオーナーやトップの立場ならどうするかを考えて、判断し、行動してきたからです。「現場」を見て現状を分析すれば、答えは明白です。やるべきことが決まり、後はいかにして実行するかだけですからね。常々「フォア・ザ・カンパニー」という考え方を東レグループの全員に持ってほしいと話してきましたが、かなり浸透してきました。

時流迎合でなく「時代適合」の経営

世の中の会社では、取締役を削減した意思決定のスピードアップや、コーポレートガバナンス委員会を設置して経営の透明性を高めることなどが求められています。しかし東レでは、自社に必要のないことには手を出しません。これは決していまの世の中の流れに反対しているのではなく、東レにとって意味がないと判断したものはやらないというだけのことです。例えば現在、東レの取締役数は二五人で多いとも言われますが、これも意味があって続けていることです。当社の取締役は皆、それぞれの現場を経験し、その分野を熟知して取締役になった、その道のプロたちです。取締役会、常務会では現場に足を運んでいるこうした人たちが、それぞれの経験や歴史をふまえた建設的な議論を重ねた末に、会社の意思決定をしています。もしも時流に迎合して取締役を八人や一〇人に減らせば、取締役をはずされた部門の人たちの意見は経営に反映されなくなる。現場の意見が経営層に上がらない一方で、外部の人が財務諸表を見て事業の切り貼りを行ったり、世間の流行に乗った手法を採り入れるだけの意思決定が行われてしまうのは大変怖いことです。現場の姿がわからない人の決定に従った経営では会社がおかしくなってしまうでしょう。

当社の製品は、ポリエステルフィルムであっても、炭素繊維でも、一〇年前と同じというものはなく、すべてが大きく進化しています。生産の「現場」をふまえた経営の在り方は外からは見えにくいでしょうが、時代の変化に適合するように経営の中身も大きく進化させています。東レの経営は、「時流に迎合」するのではなく、時代の変化に適合し、「現場」に即したあるべき姿を確立していく「時代に適合」する経営と言えるでしょう。

ＰＭＰ活動を武器に

二〇一一（平成二三）年からスタートさせた中期経営課題「プロジェクト ＡＰ－Ｇ ２０１３」（二〇一一年度〜二〇一三年度）では、Ｐ（Ｐｅｒｆｏｒｍａｎｃｅ）値という独自の固定費管理手法を経営に導入しました。ちょうどリーマンショックで沈んだ需要が回復しだし、ともすればコストが膨らみやすい時期であったことから、売上高から比例費（いわゆる変動費）を引いた限界利益の伸び率を分母に、固定費の伸び率を分子として出した数値を、「一」以下に抑えるという目標を掲げました。固定費増加に見合った利益を事業ごとに確保することが狙いです。じつはかつて、「すぐには利益が出ないが将来的にはなんとかなる」という案件に投資をしたこともありましたが、「将来的にはなんとかなる」という案件が「なんとかなった」ためしはないのです。花開く前にオイルショックやリーマンショック、為替の変動といった外部要因によりつぼみのままという可能性もあります。重要なことは、いまが良いからといってどんどん投資するということではなく、投資に見合う利益が出ているかを見極めることです。「AP－G 2013」の三カ年でP値は〇・九九となり、投資案件が着実に利益に貢献していると言えます。

現在推進中の中期経営課題「プロジェクトAP－G 2016」（二〇一四年度～二〇一六年度）では、PMP活動（プロアクティブ・マネジメント・プログラム）という新たな取り組みを全社的に進めています。これは、一言でいうと「攻めの経営」で、「見える化」・「共有化」・「日々実行」を具体化するものです。マレーシアやアメリカではこの考え方を独自に先行し実績を上げていましたが、これを全社レベルに拡大したものです。

例えば、通常の利益管理のシステムだと、前月の結果が出るのはせいぜい翌月の上旬くらいです。しかし、これでは経営判断をするには遅すぎて意味がない。また、何かトラブルが起き、数週間後に報告会を開いて「あれが悪かった」と原因を究明できたとしても後の祭りです。何かがあればすぐに対策できるようにするのがPMP活動導入の目的です。経営者や事業の責任者がリーダーシップを発揮して、PDCA（プラン・ドゥ・チェック・アクション）のサイクルを全社一丸で素早く回していく。実績データを毎日集約して、見える化・共有化して全員が取り組む訳です。また、目標利益の管理を含めて、日次ですべての東レグループの状況を把握できるようにしておく。そうすれば、仮に設備トラブルが起きても、翌日にバックアップや挽回策を取れます。これが、われわれが取り組んでいるPMP活動で、利益が予算から解離してもすぐに原因をつきとめ挽回できるため、収益力が大幅に上がります。

現場でも「鉄は熱いうちに打て」の例えではないですが、その場で見て、設備に不調があればすぐに直す。ただちに手を打たずに手遅れになると、そのぶん非効率を生みます。ある意味、利益管理の「現場主義」であり、PMP活動を通じて社内を徹底的に変えているところです。「AP－G　2016」では、一六年までの三カ年の連結営業利益目標として一八〇〇億円というかなり高い数値を掲げていますが、順調に進んでいます。

女性も現地スタッフも分け隔てなく活躍

人材活用については前にも少し触れましたが、東レはアメリカに限らずマレーシアや中国、韓国、フランス、イタリアの子会社でも現地人の幹部が育ち、いずれも優秀な業績を上げています。「人が基本」「企業は社会の公器」という考え方に基づいて、まずは従業員を大切にし、地域社会に貢献するという姿勢が実を結んでいるからだといえるでしょう。

昨今話題の「女性の活躍」では、東レは国内で一番進んでいる企業のひとつだと思っています。生産ラインを抱えるメーカーながら、一〇〇人弱の女性の管理職が活躍しています。家庭を持ち、産休を取りながら男性の部下を抱えて働き、なかにはお子さんがすでに大学生という女性もいます。女性管理職を集めて、食事をしながら話す機会もあり、そんなときに彼女たちは、いま、盛んに議論されているような「女性管理職枠」を設けるような形だけのパフォーマンスはしてほしくないと言います。男性と同様に教育を受け、評価されてきたのだから、という自負があるからです。「東レは女性の活用に積極的です」という点をアピールしてほしいという声もたしかにありますが、わざわざ名乗らずとも当社は長年続けていて、きちんと実績を上げています。女性が男性同様に活躍している実態が一番大事ではないかと考えています。

素材企業のあるべき姿と中長期経営計画

東レの経営について述べれば、三本柱で成り立っているといえます。長期視点の経営が根本であり、まず長期経営ビジョンで一〇年先の長期の展望を示し、次に中期経営課題で長期経営ビジョンを達成するために三年間で何をすべきかの課題を策定し、年次予算で一年間の短期の問題・課題の解決策に取り組んでいます。長期を見渡した場合、時代の変遷によってなくなる産業も成長する産業もあるでしょう。東レのような基礎素材メーカーは省エネルギーや新エネルギー、ライフイノベーション、また新興国の発展など今後確実に成長する領域や分野に、革新的な素材を幅広く提供できるのが特徴です。東レとしては一〇年後、二〇年後の社会がどうなっていくのかを、常に見直していますが、基本的な方向性は大きくは変わりません。計画的に技術の蓄積を進めていくことは必須です。

ただ、一番の問題は先にも触れたマネーゲームで、これに対してはＰＭＰ活動に加えて、為替の影響を受けない「地産地消」とも言うべきグローバルな生産体制をさらに発展させて対応していきます。最先端の素材は日本で研究・技術開発と生産技術を確立して一定の利益を確保し、その素材が汎用化して他社とのコスト競争に入ったときには、世界の最適地で生産拡大していくという戦略をこれからも続けていきます。これにより為替や景気変動の影響を受けにくい体制の構築が可能となります。

創立九〇年、そして一〇〇年企業に向けて

東レは二〇一六（平成二八）年四月に創立九〇周年を迎えました。創業の地である滋賀事業場の初代工場長を務めた辛島淺彦氏は、「企業はものをつくるばかりではなく、人をつくらねばならない。人はバランスシートにのらない資産である」と言いました。こういう良いところは当社のDNAとして何十年経とうと永遠に残していきたいですね。また、新しい素材の開発を通じて常に世の中の発展に貢献していく会社であり、皆がさらに誇りを持てるようにすることが経営者の使命だと考えています。

じつは数年前に、派遣を含めた社員に当社をどうとらえているか、専門会社に依頼してアンケートをとったことがありました。通常の企業の回収率は六割程度だそうですが、東レはほぼ一〇〇％の回収率で、「ちょっと異常だ」と言われました。さらに、アンケートの回答は「東レが好き」「大好き」ばかりで、「これも異常だ」と（笑）。この集計結果は、東レが人を大事にしているということの証であり、私は経営者として誇らしく感じました。こういうDNAをベースに良い素材を開発して、社会に貢献していくことができればベストですよね。

chapter 2

第2章

東レグループと業界の歴史

1926年1月設立、1927年に最初の製品であるレーヨン糸を生産した。主軸の繊維事業では風雨にもさらされたが、持ち前の研究・技術開発力を発揮して、繊維が成長産業であることを証明してみせた。また、プラスチックやケミカル、そして水処理や医薬品などに事業を拡大し発展を続けてきた。人を大切にして、鍛える「人を基本とした経営」にぶれは見られず、いまやこの日本型経営のよさを世界各地に根づかせている。最先端材料を生み出す素材の雄・東レの歴史を振り返る——。

ジャーナリスト
井上 正広

レーヨンのベンチャー企業として産声

京都から電車で一〇分余り。琵琶湖を間近に臨む大津市石山で一九二六（大正一五）年、東レの前身である東洋レーヨン（一九七〇年に東レへと社名変更、以下「東レ」）は産声を上げた。現在は東レ滋賀事業場としてレーヨンこそ製造していないものの、いまなお同社最大の製造拠点となっている。もっとも、若い世代にはレーヨンといってもピンと来ないかもしれない。レーヨンとは、木材パルプなどの天然セルロースを化学薬品でいったん溶かし、その後もう一度糸に伸ばしてつくる化学繊維のことで、絹に似た光沢感を持ち、吸・放湿性に優れ、しかも絹より安いという当時の夢の先端素材だった。明治以降、絹の生産と輸出で外貨を稼いできた日本にとって、このレーヨンはぜひとも手掛けなければならない新分野でもあった。

折しも三井物産の社内で、「このままでは絹の強敵となる」としてレーヨンの事業化を熱く訴える人物がいた。三井物産の筆頭常務であり、後に東レの設立発起人となる安川雄之助である。国内ではすでに帝国人造絹絲《ていこくじんぞうけんし》（後の帝人）や旭絹織《あさひけんしょく》（後の旭化成）といったメーカーが誕生していた。安川は一九二五（大正一四）年九月に開いた三井物産の役員会で東レの設立を正式に決めると、翌一九二六年一月に創立総会を開催。本社を東京・日本橋に置き、安川自身が会長に就任した。そして一九二七（昭和二）年八月、最初のレーヨン糸を滋賀工場で紡ぎ出すことに成功した。三井物産が東レという〝レーヨンのベンチャー企業〟に投資した金額は二〇〇〇万円。いまの貨幣価値にすると二〇〇〇億円近い額に上った。

安川の読みは見事に当たり、東レを含む日本のレーヨン産業は絹に代わって一九三〇年代に黄金期を迎える。東レの滋賀工場も初代工場長に就いた辛島淺彦の指揮のもと、生産の拡大とコストの削減に励んだ。高価な輸入綿パルプの代わりに安価な国産木材パルプで同品質のレーヨンをつくることに成功し、製造過程で使う苛性ソーダや硫酸も回収・再利用するプロセスを独自に開発。紡糸機も機械メーカーと共同でつくり上げた。独自の添加剤を加えて「つや消し」調にした糸は人気を呼び、国内だけでなく中国やインド、メキシコなどへ輸出された。生産面でも一九三一（昭和六）年に第二工場、一九三六（昭和一一）年には第三工場を稼働させて旺盛な需要に応えた。これらの結果、東レは創立からわずか

辛島淺彦氏

一〇年で従業員数八〇〇〇〇人を数える国際的なレーヨンメーカーへと成長を遂げていたのである。

〝東洋のデュポン〟、ナイロンで大きく育つ

そうしたなか一九三八（昭和一三）年の秋、世界の繊維業界に衝撃が走った。「石炭と水と空気からつくられ、鋼鉄よりも強く、蜘蛛の糸より細い」との宣伝文句で有名になった世界初の合成繊維「ナイロン」を、米国デュポン社が発明したのだ。東レは早速、三井物産ニューヨーク支店を通じてナイロンの現物を取り寄せ、社内の研究者はナイロンの研究を加速した。すると、ほどなくナイロン6という繊維の紡糸に成功。ナイロン66の溶融紡糸にもめどをつけ、一九四三（昭和一八）年にはナイロン6を「アミラン」という商標で商業生産を始めたのである。ときは太平洋戦争の真っ最中。米国から最新の技術情報を得るすべもない。にもかかわらず、わずか五年でデュポン社にも負けないナイロンをつくり出したという事実は、当時の東レの研究者の実力が世界のトップ水準にあったことを物語る。

ちなみに戦後、デュポン社は東レのナイロンが自社の特許を侵害しているとして連合国軍最高司令官総司令部（ＧＨＱ）に調査依頼を申し出た。これに対して東

レは、アミランは「戦前から独自の研究を重ね、その結果をもとに製品化したもので、特許権侵害はいいがかり」（東レ社史より）と主張した。結局、GHQとデュポン社はアミランに特許侵害の事実がないことを認めざるを得なかった。

ここで、東レは経営上のジレンマに陥る。ナイロン市場の成長・拡大が確実視されるなか、独自路線を選ぶのか、あるいはナイロン研究で先行するデュポン社との提携を選ぶのかという選択であったが、「デュポンの特許を使用したほうが、これから一〇億、二〇億の金を費やして研究するよりも、はるかに有効であり有利」（当時の田代茂樹社長）と提携の道を選んだ。デュポン社が提示した提携条件は契約前払い金が三〇〇万ドル（当時の一ドル三六〇円レートで一〇億八〇〇〇万円）、契約期間が一五年という過酷なものだった。しかし契約期間中は東レが国内市場を独占できるうえ、輸出の際も「ナイロン」の商標を使えるというメリットもあった。

東レは交渉と並行して、原料を重合する名古屋工場と紡糸を行う愛知工場の建設を急ぎ、一九五一（昭和二六）年二月にナイロン66の初紡糸にこぎ着けた。デュポン社との正式契約がまとまったのは同年六月のことである。そのナイロンは靴下やストッキングに使われるようになるや、需要はうなぎ上りで伸びた。一九五五（昭和三〇）年にはナイロンの売上がレーヨンを上回った。この頃の東レを示す言葉に「レーヨンで生まれ、ナイロンで育った」というものがある。

ポリエステル、アクリルを加え「三大合繊」を世界展開

歴史は繰り返すといわれるが、一九四八（昭和二三）年に世界の繊維業界を再び驚かせるニュースが駆け巡った。英国カリコ・プリンターズ社がポリエステル系合成繊維を発明し、その特許を得た米国デュポン社と英国ＩＣＩ社が工業生産に入ったという内容だった。ナイロンのときと同様、すでに東レはポリエステル繊維についてひととおりの知見は習得していたが、ナイロンの事業化に全精力を傾けていたため、ポリエステル繊維の事業化に関心を向けたのは一九五一（昭和二六）年になってからだった。しかしカリコ・プリンターズ社ならびにＩＣＩ社との提携交渉は難航し、最終合意は一九五七（昭和三二）年二月にまでずれ込んだ。しかもポリエステルの技術は、同じくＩＣＩ社との提携を進めていた帝人にも供与されることになった。ライセンス料は一一五万ポンド（当時のレートで約一一億六〇〇〇万円）。両社が折半の上で五回に分けて支払った。両社のポリエステル繊維の商標がともに「テトロン」なのは、技術導入時のこうした経緯からである。

国産ポリエステル繊維に対する世の期待がきわめて高かったうえ、帝人との競争

も控えていたため、工場の建設も急がれた。袖山喜久雄社長の大号令のもと富士山の湧き水が豊富に得られる静岡県三島地区に三三万平方メートルの用地を取得、この三島工場はたちまち生産が追いつかないフル生産状況となり、一九六一（昭和三六）年に第二工場、一九六三（昭和三八）年に第三工場を稼働させ、それでも足りずに愛媛工場にも生産設備を新設して対応した。テトロンが驚異的に拡大した結果、一九六四（昭和三九）年には東レの主力事業の座がナイロンからテトロンへと交代した。ナイロンの特許保護期間が切れ、同業他社が一斉にナイロン事業に参入したが、この苦境を救ったのはテトロンの活況であった。

なお、アクリル繊維については、一九五七年から本格的な研究を開始し、一九六四年に満を持して商業生産に乗り出した。ここで東レは、三大合繊と呼ばれるナイロン、ポリエステル、アクリルをすべて扱う、「繊維のデパート」を名実ともに体現することになったのである。

繊維不況を救ったプラスチック＆フィルム事業

しかし「好事魔多し」。三大合成繊維を一手に展開し、一時は国内高収益企業ナンバーワンの座に就いたこともある東レだが、一九七〇年以降は一転、この繊維事業に経営が振り回されることになる。一九七一（昭和四六）年のニクソンショック、一九七三（昭和四八）年と一九七九（昭和五四）年の二度にわたるオイルショック、一九八五（昭和六〇）年のプラザ合意に伴う円高不況と、数年ごとに向かい風が吹いたのに加え、国内の繊維産業自体の成熟化とも重なったため、事業構造改革に明け暮れる日々を強いられた。と同時に合成繊維に続く基幹事業の育成にも力を注いだが、その代表格がプラスチック・ケミカル事業だった。

なぜ合成繊維の会社がプラスチックを、と思われるかもしれない。じつは繊維もフィルムも樹脂も元を正せば同じ高分子材料（ポリマー）からつくられる。このポリマーを一次元に伸ばせば糸だが、縦×横の二次元に伸ばせばフィルムに、縦×横×高さの三次元に拡げれば樹脂となる。東レは一九五三（昭和二八）年、ナイロン樹脂からプラスチック・ケミカル事業を開始した。当初は計器用の無音歯車といったささやかな用途だったが、事業の将来性を信じ、一九五八（昭和三三）年には名古屋にプラスチック研究所を設立し、押出成形や射出成形といった加工技術を体得した上でナイロン樹脂の応用事例を顧客に提案していった。一九六〇（昭和三五）年になると社内にプラスチック部門が新設された。最初の大口需要となった東海道新幹線のまくら木のバネ受け板への採用を弾みに、今日に続く自動車用途の開拓にも励んだ。なかでもラジエータータンクへの採用は大きな転機となった。重要な保安部品であるため開発には苦労したものの、部品メーカーと共同で耐熱水性のあるガラス繊維入りナイロン66樹脂タンクを完成させた。これが瞬く間にすべての国産自動車に使われることになり、自動車分野に確固たる橋頭堡を築いたのである。東レはその後、一九六二（昭和三七）年にABS（アクリロニトリル・ブタジエン・スチレン）樹脂を、一九七六（昭和五一）年にPBT（ポリブチレンテレフタレート）樹脂を工業化し、プラスチック事業の拡大と収益向上につなげていった。

プラスチック・ケミカル事業のもうひとつの柱がフィルムだ。一九五九（昭和三四）年に三島工場の一角にポリエステルフィルム「ルミラー」の生産ラインを設けて、試作品の評価を電機メーカーに仰ぐことから始めた。すると、「デュポン社の品質と比べて遜色なし」との回答が得られたため、ただちに本格販売に乗り出した。そうしたなか、いまでも語り草となっているのが一九七〇年代後半に勃発したホームビデオ分野での〝採用戦争〟だ。当時、ホームビデオ用のテープフィルムは帝人とデュポン社が技術面でも市場シェアでもリードしていた。これに対して東レは、「V31」という電気特性に優れる新フィルムでソニーのコンペに参加。一度は帝人に決まった採用を、本格生産の直前に覆してしまった。的確なニーズの汲み取りと素早い開発とで先行他社をあっという間に抜き去ったのは、「野武士集団」と呼ばれる東レの凄みを示すエピソードである。ルミラーは現在、日本のほか米、仏、マレーシア、韓国、中国の世界六極で生産され、コンデンサーや電気絶縁体、液晶パネル用光学フィルムなど、情報通信材料・機器向けを中心に広く利用されている。

このように、樹脂とフィルムの二本立てで展開した東レのプラスチック・ケミカル事業は一九七三（昭和四八）年のオイルショックの際には足踏みしたものの、その後は再び右肩上がりの成長を続け、構造的な不振に苦しんでいた繊維事業を下支えした。プラスチック・ケミカル事業は今後も、自動車やエレクトロニクス分野を中心に、活躍分野を着実に広げていくことになりそうだ。

「人が基本」の経営を貫く

一般的に非常時には組織の本質が表れる。東レは先に触れたように一九七〇～八〇年代にかけて、合繊事業の不振に苦しんだ。経営陣はあらん限りの手を尽くした。祖業であるレーヨン糸の生産を取りやめ、ナイロンやポリエステル繊維は工場の操業短縮や設備の一部廃棄を行った。そうしたなかで特筆すべき点がひとつあり、それは東レが人の「解雇」を行わなかったことだ。例えばオイルショックのとき、藤吉次英社長は「製造業は人に対する考え方が（ほかの産業と）違う」との信念のもと、労働組合側と話し合いを重ね、希望退職の募集やレイオフは一切行わない代わりに、労働条件や賃金も同業他社などを参考に見直すという道を選んだ。中・高年齢層の処遇については「殖産会社」を受け皿にするという手法がとられた。職場が確保されるうえ、ベテラン社員のノウハウや技能も流出しない。まさに一石二鳥の策であった。東レでは各地の事業場や工場に地域密着の殖産会社を次々と設立し、景気や事業環境の変化に柔軟に対応する仕組みとしていまも活用しているのだ。

人を重視し、安易な解雇や事業の切り捨てを戒める東レの経営姿勢は、定年や就業制度にも表れた。現在は当たり前の「六〇歳定年制」を導入したのはいまから五〇年も前の一九六六（昭和四一）年。労働時間の短縮でも先陣を切った。合成繊維工場は二四時間操業が基本である。そこでは長い間、三つのチームが八時間ずつ働く「三組三交代制」が当たり前だったが、東レは一九六九（昭和四四）年に「四組三交代制」を導入した。さらに週休二日制導入も早かった。一九七三年からまず隔週週休二日制を導入し、翌年からは完全週休二日制に移行した。いずれも業界他社に先んじただけでなく、産業界全体からみても先駆的な事例であった。なお、重要な点はこうした労務問題に、東レは、好・不況に関係なく継続的に取り組んできたという点である。「労使がともに一体となって苦難を乗り越えようとするのが、東レがとってきた経営方針である」とは社史の一節だが、そこに偽りはないと言えよう。

繊維事業を「自主判断・自己責任」で再構築・再成長へ

生き残りをかけた東レの構造改革は、むろん海外の繊維事業にもおよんだ。事業の再構築により伸びきった戦線を縮小する一方で、主要な合弁会社には東レの主導でいわゆるヒト・モノ・カネを断続的に投入し、経営を立て直した。同時に「高次加工技術の強化」を掲げて品質向上を各社に促した。その結果、一九八〇年代半ばになるとこれら各社は見事に「先進国への輸出企業に転換」し、その製品は欧米の大手顧客の間から高い評価を得るようになった。

そして、海外繊維事業の止血にほぼめどが付いた一九八七（昭和六二）年四月、東レの社長に就任した前田勝之助は「繊維は世界的に見れば成長産業」と高らかに宣言した。業界内にはその真意を訝《いぶか》しむ声も少なくなかったが、その根拠は次のとおりである。

その頃、日本人一人当たりの繊維消費量は一七キログラムだったが、米国は二三キロ。一方で中国やブラジルでは四キロに過ぎなかった。前田は「人口の多い国々の消費量が一〇キロになれば、それだけでも需要は相当なものになる」と指摘した。綿や羊毛などの天然繊維は有限資源であることを考えると、これまでに培った生産技術と販売力、多くの得意先の力を結集し、「新しい考え方」のもとに事業を展開すれば、合成繊維は再び東レの基幹事業となりうるということであった。

カギは「新しい考え方」という部分にあった。前田は、後に「新合織」と呼ばれた革新的な新製品開発と自己責任経営の徹底を通じて、合成繊維事業を再生に導いていった。例えば、東レの新合織第一号となった「シルック シルデュー」は、ベースとなったシルク調のポリエステル繊維「シルック」の原料ポリマーから糸の断面形状、紡糸、延伸、高次加工に至るすべての工程をゼロから見直すことで、天然素材にないまったく新しい質感を実現した。こうした新合織を

前田勝之助氏

次々と世に問うことでポリエステル繊維市場を活性化した。

前田は行動面でも「新しい考え方」を示した。〝ポリ長戦争〟と呼ばれた、減産を巡る東レと同業他社との対立が典型例だ。ときは一九九三（平成五）年。ポリエステル長繊維の在庫増に悩んだ国内各社は従来からの慣例に従って協調減産に乗り出した。ところが東レはフル生産を続けたため同業他社は市況を乱す行為として激しく非難した。しかし東レからすれば心外だった。バブル期、同業他社がポリエステル長繊維の設備増強に走るのを横目に、東レは生産設備を増強せず、国内で足りない部分は海外子会社から糸を購入して補ったという経緯があった。それだけに、他社に合わせて減産する必要性はないと判断したのである。

このとき、前田は「自主判断、自己責任」という経営の大原則を掲げて、護送船団経営にしがみつく他社に発想の転換を求めた。このポリ長戦争は半年ほど続いた後、東レが掲げた「自主判断、自己責任」への理解が徐々に拡がり、やがて同業他社も日本的なもたれあい経営からの脱却を目指し始めた。「自己責任」という言葉が産業界で一般化するのはそれからおよそ一〇年後。それだけ東レの発想と行動が時代の先を歩んでいたということである。

その後、東レは東南アジアを中心とする海外拠点の積極的な拡大に注力した。

一九九〇（平成二）年から一九九七（平成九）年にかけてのテトロンのグループ生産能力の推移を見ると、国内が微増だったのに対して東南アジアは二倍強も増えた。狙いはもちろん、合成繊維事業の継続的な成長にあった。例えば東レは現在、ポリエステル繊維事業を日本、タイ、インドネシア、マレーシア、韓国、中国で展開しているが、これらの拠点を役割別に連携させ、製品や半製品を拠点間で相互に融通することで最適地生産と販売を図っている。刻々と変化する市況や為替のリスクをミニマム化すると同時に、グループ利益の最大化を目指している。「グローバルオペレーション」と名づけたこの戦略は、東レの合成繊維事業の国際競争力の維持・強化に欠かせない仕組みとなっており、現在、ルミラー、炭素繊維などのほかの事業・製品分野でも水平展開されている。

世界の繊維業界の勢力分布は、一九八〇年代には韓国・台湾勢、二十一世紀初頭は中国・インド勢が力を持ち、最近ではベトナムやミャンマーなどが急速に力をつけてきている。こうした目まぐるしい変化のなかで東レは、これらの国々が太刀打ちできない品質、高付加価値商品と適地生産・販売によって競争力を確保し、「成長産業」としての最適解を常に追求し続けている。

ヘルスケア、環境ビジネスでも手応え

東レは創業以来、高分子化学をコア技術として発展を遂げてきた。その東レが、次の収益拡大の柱と掲げるのがグリーンイノベーションとライフイノベーションの分野だ。どちらも市場の成長だけでなく、大げさにいえば人類の存亡にもかかわる分野である。これらの東レ社内での研究の歴史は古く、このうちライフイノベーションの研究・技術開発は一九六二（昭和三七）年に設立された基礎研究所（現医薬研究所）までさかのぼる。東レは医薬分野に関心を抱いた当初から「独創的新薬」開発という理念を掲げた。医薬品の開発は失敗リスクが高いものの成功時の果実も大きい。東レはこのリスクに果敢に挑戦し、これまでに三つの画期的新薬の開発に成功した。肝炎治療薬「フエロン」と末梢循環障害治療薬「ドルナー」、そう痒症改善剤「レミッチ」である。このうちフエロンは、ウイルスの増殖を阻害する働きを持つ天然型インターフェロンβ（ベータ）製剤と呼ばれる薬剤で、東レが世界で初めて量産に成功した。ドルナーも世界初の薬だ。血が固まらないように働く体内物質「ＰＧＩ２」の化学的安定性と安全性を高めたリード化合物を苦心の末に合成することで上市を果たした。レミッチは二〇〇九（平成二一）年に販売承認を取

得した選択的オピオイドκ（カッパ）受容体作動薬という新薬で、これも東レが世界で初めて開発した。血液透析時の痒みを抑える働きを持ち、医薬・医療事業本部が展開する人工腎臓などとのシナジー効果が期待されている。ライフイノベーション関連ではこのほかに高感度ＤＮＡチップや高付加価値医療材料の開発などが進められている。

期待を集めるもうひとつの新分野が水処理をはじめとするグリーンイノベーション事業だ。いま、世界では中東やアフリカ、中国などで安全な飲料水にアクセスできない人が一一億人もいるうえに、二〇二五（平成三七）年までに二八億人が水不足に直面すると予測されている。世界各地で建設されている海水の淡水化プラントは、近年は複数の高分子分離膜を組み合わせて海水から塩分を直接分離する膜法が急増している。この膜法のキーデバイスとされるのが逆浸透（ＲＯ）膜で、このＲＯ膜をつくれる会社は東レを含めて数社しかない。東レはおよそ五〇年前からＲＯ膜の研究を行っており、当初は半導体製造用の超純水製造プラント向けを中心に事業を行っていた。しかし水問題の顕在化を前に海水淡水化の分野に本格的に乗り出すとともに、ＲＯ膜と併用する精密ろ過（ＭＦ）膜やナノろ過（ＮＦ）膜、限外ろ過（ＵＦ）膜も製品化した。ちなみに四種類の分離膜をすべてラインアップしているのは東レだけである。東レは現在、ＲＯ膜のグローバル展開を加速しているが、世界のＲＯ膜市場は年率一〇％で伸びる勢いにあり、収益貢献への期待も大きいのである。

花開く炭素繊維事業

米国シアトルの郊外にあるボーイングのエバレット工場で、世界の航空会社が競い合って導入している新型旅客機「ボーイング７８７」の建造が月産一二機というピッチで進められている。７８７の最大の特徴は、胴体や翼の大部分に炭素繊維と樹脂とを組み合わせた複合材料を使い、燃費性能を従来の飛行機より二割ほど改善した点にある。炭素繊維は鉄の約一〇倍の強さがあるうえアルミニウムの二分の一の軽さのため、強さと軽さの両立が求められる飛行機の材料として理想的な素材とされてきた。そこでボーイングでは、新型機を開発するごとに炭素繊維の使用範囲を少しずつ増やして製造ノウハウや安全性・信頼性などの知見を蓄積。それらを集大成し、炭素繊維複合材料を胴体や翼といった一次構造材の多くに初めて使用し、重量ベースで全構造材料の約半分に採用したのが７８７なのである。

よく知られるとおり、炭素繊維をボーイングに独占供給しているのが東レだ。東レはボーイング社と二〇〇六(平成一八)年四月に、炭素繊維「トレカ」を二〇二一(平成三三)年までの長期にわたって787向けに単独供給する契約を結ぶことで合意した。さらに二〇一五(平成二七)年十一月には787の契約延長に加えて、ボーイングが開発中の次世代旅客機「ボーイング777X」向けにもトレカを供給する契約を締結した。東レが供給する炭素繊維の総額は一・三兆円を超える見通しだ。

ボーイング777X

およそ五〇年におよんだ苦難の研究・技術開発の末に開いた大輪の花とも言えよう。東レは現在推進中の新中期経営課題「プロジェクト AP-G 2016」で航空宇宙分野での炭素繊維事業の飛躍的な事業拡大を目指すとしており、第一弾として米国サウスカロライナ州に炭素繊維の原糸からプリプレグ(炭素繊維樹脂含浸シート)と呼ぶ中間材までを一貫生産する新工場を建設している。ボーイングが二〇一九(平成三一)年末にも787の生産ピッチを月産一四機まで引き上げ、777Xの本格生産も始めるというロードマップをふまえた戦略投資である。なお、炭素繊維が金属を代替していく分野は航空機にとどまらない。軽量化へのニーズが強い自動車や新幹線の車体、燃料電池車（ＦＣＶ）に欠かせない高圧水素タンクなどでの応用が進められている。ＰＡＮ系と呼ばれる高性能な炭素繊維で世界シェア五〇％を誇る東レの炭素繊維が、われわれの生活のより身近な分野で活躍する日ももうそこまで来ている。

先端材料を生み出す息の長い研究・技術開発

「イノベーション・バイ・ケミストリー」。これは、東レが現在掲げるコーポレート・スローガンである。東レは高分子化学、有機合成化学、ナノテクノロジー、バイオテクノロジーの四つのコア技術で研究・技術開発を行っており、これを意訳すれば、化学で未来を拓き、他社がまねできない先端材料を通じて私たちの社会や生活を変え、東レも世界から称賛されるエクセレント企業になるというメッセージが込められている。新しい価値の創造に挑戦し続けるというＤＮＡが歴代のトップを含めて九〇年にわたって受け継がれてきたという訳だ。

時計の針を一九六〇（昭和三五）年に戻してみる。ときはナイロン繊維とポリエステル繊維が飛ぶように売れていた時代。しかし東レは、絶好調の合成繊維事業もやがて成熟するだろうと予測し、プラスチック・ケミカル事業に経営資源を重点投下した。プラスチック事業の売上比率がこの年はわずか一％。一九六五（昭和四〇）年度でも三～四％を占めるに過ぎなかったにもかかわらず、プラスチック事業の研究・技術開発に「全社総額の二〇～三〇％」（社史より）を投じていた。

改めて指摘するまでもなく、先端材料は一朝一夕に実用化できるものではない。とはいえ、超長期レンジでの質の高い研究活動を有言実行している会社もじつは多くない。そうしたなかで東レは、ほかの国内外の素材メーカーなら音を上げるような研究・技術開発を積み重ね、かつ、市場との対話も常に怠ることなく幾多の成果を上げてきた。「研究・技術開発こそ、明日の東レを創る」との信念に基づいた粘り強い研究・技術開発への姿勢は、近年、短期的収益が重視される世になってもいささかも揺るがない。二〇一六（平成二八）年四月に発表された、創業の地・滋賀事業場への「未来創造研究センター」の設置が最近の象徴例であろう。東レ独自の材料・技術を核とする最先端技術の融合を図ることで、「未来社会に必要な機能や仕組を探究し、材料の強みを生かしたコトづくりの実現を目指す未来創造型研究・技術開発を推進・強化」するとしている。竣工予定は二〇一九（平成三一）年末。将来、ここからどのような革新的アウトプットがなされるのか、楽しみである。

戦略的パートナーシップを積極拡大

息の長い研究・技術開発を志向する風土が東レの特徴であるとするならば、もうひとつの特徴は、ビジネスチャンスを果敢につかみ、顧客にさまざまなソリューションを提供しながら一緒になって事業を大きく育てるという協業相手との連携上手であろう。

左はヒートテック、右はウルトラライトダウン

ボーイングとの炭素繊維に関する包括的長期供給契約については先に触れた。一九七〇年代半ばに二次構造材向け炭素繊維の供給から始まったボーイングとの関係は、長年にわたる安定供給実績と品質優位性をテコに強固な信頼関係を構築するまでに発展した。同じく有名な事例では、ファストファッション「ユニクロ」を展開するファーストリテイリングとの「戦略的パートナーシップ」が挙げられる。このビジネスフレームの原型が誕生したのは一九九九（平成一一）年。ファーストリテイリング率いる柳井正会長兼

社長が、当時の前田会長のもとを訪れた際に意気投合し、トップダウンで決定した。この年に「フリース」が大売れすると、翌二〇〇〇（平成一二）年にはファーストリテイリングの要望をワンストップで受け入れる専門部署が東レ社内に設けられ、以降、「ヒートテック」や「ブラトップ」といった連続ヒットを記録。

二〇〇六（平成一八）年には素材メーカーとSPA（製造小売業）という枠組みを超え、糸から最終製品の販売に至る一貫した商品開発体制を両社で構築する「戦略的パートナーシップ第一期五カ年計画」を結んだ。周知のとおりこの提携は「ウルトラライトダウン」や「UVカットカーディガン」といった人気商品を生み、両社の累計取引額も二四〇〇億円へと拡大。「ユニクロ」快進撃の原動力となっただけでなく、東レにとっても繊維事業の足腰強化に大いに役立った。

二〇一〇（平成二二）年には「戦略的パートナーシップ第二期五カ年計画」が新たに結ばれ、こちらも、累計取引額が当初予想の四〇〇〇億円を上回る六〇〇〇億円超を達成するなど、協業の果実はさらに膨らんだ。そして二〇一五（平成二七）年十一月、二〇二〇（平成三二）年度の最終年度までに累計取引額を一兆円に高めるとした第三期五カ年計画が両社によって発表された。東レとしては自慢のグローバルオペレーションに一層の磨きをかけ、二人三脚を組むファーストリテイリングともども高い成長を実現すると意気込んでいる。

二〇〇九（平成二一）年、名古屋に新設したA&A（オートモーティブ&エアクラフト）センターと呼ぶ開発拠点も、国内の自動車メーカーや航空機メーカーとの共同開発の強化・スピードアップを狙ったものだ。ボーイングやファーストリテイリングに続く新たな戦略的パートナーシップの相手が近々、この意欲的な活動のなかから出てくるだろう。

創立九〇周年を迎えて

東レは二〇一六（平成二八）年四月、創立九〇周年を迎えた。人間に例えれば卒寿に当たる。しかし変化への適応力は誕生間もないベンチャー企業のように柔軟だ。実際、東レの九〇年を振り返っても、後半の五〇年近くはオイルショックや円高不況、バルブ崩壊、そしてリーマンショックなどの荒波に繰り返しに襲われた。東レはそのたびに創業の精神を見詰め直したうえで、全社一丸となった努力で業績のV字回復を図ってきたタフな会社である。例えば、二〇〇八（平成二〇）年九月のリーマンショックに際しては、「聖域なき改革」を通じて総額一〇〇〇億円以上のコスト削減や事業体制の柔軟な再構築を図る二カ年の中期経営課題「プロジェクト IT－Ⅱ」を断行した。その結果、二〇一一（平成二十三）年三月期には、リーマンショック前の利益水準に肉薄する一〇〇一億円の連結営業利益を確保してみせた。続く「プロジェクト AP－G 2013」では、「改革と攻めの経営」を掲げて、グリーンイノベーション事業の拡大に加え、アジアや新興国での事業の拡大、比例費・固定費の削減という三本柱に注力した。一連の改革を指揮したのは、二〇一〇（平成二二）年六月から、榊原定征から経営のバトンを手渡された現社長の日覺昭廣だった。この「プロジェクト AP－G 2013」は、終わってみればディスプレー材料などでの想定を超える市況の悪化などにより、掲げた数値目標の一部は未達に終わったものの、最終年度である二〇一四（平成二六）年三月期の連結売上高は一兆八三七七億円、連結営業利益は一〇五二億円という水準を確保し、「経営姿勢を〝攻め〟へと転じ、新たな成長軌道目指します」という公約を果たした。

さて、この「プロジェクト AP－G 2013」の手応えをベースに新たな経営テーマを加味して打ち出された中期経営課題が「プロジェクト AP－G 2016」である。ここで東レは、「成長分野での事業拡大」「成長国・地域での事業拡大」を重点基本戦略に掲げて、二〇一四（平成二六）年四月からの二〇一七

（平成二九）年三月までの三カ年に四〇〇〇億円規模の設備投資を実行することを表明した。そして、最終年度に連結売上高二兆三〇〇〇億円、連結営業利益一八〇〇億円の達成を目指すとした。売上高は四期連続で過去最高、営業利益は三期連続で過去最高益の更新を見込む。戦略的パートナーシップの収益面での効果が拡大する繊維事業、炭素繊維複合材料事業の快走などを考えれば、上出来の経営成績のなかで迎えられた九〇年の節目といってよいだろう。

創立一〇〇年、そしてその先へ

とはいえ、グローバル競争が繰り広げられる今日の企業経営に安心や油断は禁物だ。繊維事業やプラスチック・ケミカル事業などの基盤事業は、収益のさらなる安定のために、顧客のニーズや動向に合わせて「グローバルオペレーション」を不断に磨いていくことが必須である。また情報通信機材事業・機器事業は、製品寿命が概して短く、かつ、いわゆるシリコンサイクルにも左右されやすいだけに、新製品の開発投資や生産計画、在庫管理などのタイミングが常に難しい。判断を一歩間違えれば大火傷《やけど》すらしかねない。グリーンイノベーション事業やライフイノベーション事業は、東レが最も得意とする長期レンジでの研究・技術開発、用途開拓が生きる分野である一方、規制や許認可権を持つ国や自治体といった公的セクター相手のビジネスが多いという特徴も持つ。ほかの事業以上に地政学的なリスクにも気を配る必要がある。会社の安定した成長を続けていくには外の目には映りにくい水面下の部分で、難しい判断や決断を齟齬《そご》なく繰り返していかねばならないのだ。

目下のところ、東レの経営は事業面をみても、財務面をみても懸念される点は少ない。リーマンショック級の世界経済危機がもし襲ったとしても、かつてのオイルショック期のような長期低迷を強いられることにはならないだろうし、仮に業績が悪化したとしても短期間のうちにV字回復を果たすことになるだろう。繰り返された事業構造改革により、東レでしかつくれないオンリーワン製品、圧倒的なシェアを持つナンバーワン製品が増えるとともに、厳格な収益管理と不断のコスト削減努力によって収益基盤も格段に強固なものへと変質しているからだ。

次の中期経営課題では、「先端材料とグリーンイノベーションで世界に飛躍する」と掲げた二〇二〇（平成

＜億円＞

売上高	30,000
基幹事業	15,000（50%）
戦略的拡大、重点育成・拡大事業	15,000（50%）
日本、欧州、北米向け	15,000（50%）
成長国・地域向け	15,000（50%）
グリーンイノベーション事業	10,000
営業利益	3,000
営業利益率	10%
ROA	10%
ROE	13%

2020年近傍の業績イメージ

三二）年近傍を目標とする長期経営ビジョン「ＡＰ－Ｇｒｏｗｔｈ ＴＯＲＡＹ ２０２０」の姿にどこまで迫れるか、大いに注目されるところである。連結売上高三兆円、連結営業利益三〇〇〇億円という業績目標は、なお高いハードルではある。だが、東レという会社は目標が高いほど、足元の谷が深いほど果敢に難題に挑み、克服してきた歴史を有している。この過程で蓄積された知識や経験は、逆境時には「学習効果」として働き、結果として自己変革とより強靭な企業体づくりをもたらしてきた。経済のグローバル化で経営の変動係数がより複雑化する環境下で、「有事」に強い組織が勝ち残ることは改めて指摘するまでもない。東レのなかで九〇年にわたって受け継がれてきたベンチャー魂とイノベーションの精神は、今後同社が百寿を超えてさらに発展しても不変であろう。

c h a p t e r 3

第３章

東レグループの研究・技術開発戦略

素材メーカーである東レにおいて新素材・新事業・新商品を生み出す“研究・技術開発”はまさしく生命線である。世界の有力化学会社が開発を次々に断念した炭素繊維で世界トップになるなど、研究・技術開発力には定評がある。東レ躍進の裏からは、勤勉、創意工夫、和、異文化融合、質素倹約、粘り強さといった日本人の特質に加え、東レの特徴である「超継続」「極限追求」「深は新なり」といったキーワードが見えてきた――。

産業ジャーナリスト
佐藤 眞次郎

化学産業の研究開発と素材を軸に独自性を貫く東レの研究・技術開発戦略

化学技術を基盤に発展を続けた化学産業は、人類が直面してきた環境・資源問題、健康や食料確保などを通じて、より豊かで安全な生活に貢献し、経済成長に寄与してきた。現在、工業規模で量産化される化学物質は六万種類以上に達しているが、新たな化学物質の開発も続いており、米国化学会が発行する「ケミカルアブストラクツ」誌にCAS番号として登録された物質は、二〇一五（平成二七）年七月に一億を突破した。世界の大学や研究機関、企業から新規化学物質の発明や開発は加速しそうで、化学技術および化学産業の幅、奥行きは無限に広がっていくだろう。

多様性は化学産業の大きな特徴である。あらゆる化学分野を対象に事業を展開する企業は日本のみならず、世界に目を転じても皆無で、これからも登場することはないだろう。逆に言えば、多様性という産業の特徴を生かして、自社の得意領域を掘り下げることで、世界を対象にビジネスを展開している中堅・中小企業も多く、ユニークな産業構造となっている。

東レは日本を代表する総合化学企業の一社だが、石油化学に代表される川上事業はほとんど手掛けておらず、化学産業の川中事業の主体に存在感を発揮していることが特徴である。この背景には九〇年前にレーヨン繊維で創業し、第二次世界大戦後はナイロン、ポリエステルという合成繊維で大きく飛躍したという歴史がある。合織事業の急成長期には、その原料の技術開発や工業化に取り組んだこともあったが、現在はナイロン原料など一部を除いて事業を縮小、外部から購入している。

その東レが総合化学企業の地位を不動にしているのは、〝材料〟への徹底したこだわりだ。基幹事業の繊維、プラスチックのみならず、戦略的拡大事業と位置づける炭素繊維複合材料や情報通信材料・機器、さらにはライフサイエンス事業まで〝材料〟抜きに東レの強さは語れない。

東レ技術陣のトップである阿部晃一副社長・技術センター所長は、「材料・素材は最終商品のなかに隠れてしまうため目立たないが、先端材料が時代の産業を創ってきたことは歴史が証明している。社会的、経済的な多くの課題に対して真のソリューションを提供できるのは、技術革新以外にはなく、材料の革新なくしては、魅力的な最終製品は生まれない。しかし、材料の事業化にはどうしても一定の時間がかかるので、短期的に利益につながるテーマ、その次、さらにその次というように持続的に収益に貢献できるよう研究・技術開発のテーマを配置しておくことが重要である。これをテーマのパイプラインと言っているが、短期的テーマのみに経営資源を集中すると当面は良くても、必ず後でネタが枯れるので、短期・中期・長期のバランスを取るパイプラインマネジメントがポイントと考えている」とテーマのマネジメントの重要性を指摘した。東レは有機合成化学、高分子化学、バイオテクノロジー、ナノテクノロジーという四つのコア技術を武器に先端材料開発に挑戦を続けるが、二〇〇〇年頃には、やや、自前主義が前面に出ていた。これを猛烈に反省し、二〇〇二年頃から「自前主義からの脱却」を旗印に、研究改革を断行した。国家プロジェクトに積極的に参加するほか、他社や大学との連携を積極的に増やし、オープンイノベーション重視に舵を切ったのである。

先端融合研究所

　神奈川県鎌倉市に二〇〇三（平成一五）年五月に開設した先端融合研究所。阿部副社長は「開所式の一週間前に名称は先端研究所に決まり、看板も出来上がっていた。ところが当時の前田勝之助会長から〝融合〟という文字をどうしても挿入しろという指示が下り、急いで変更した」と秘話を語る。この〝融合〟の示すものは、独りよがりにならず材料を軸とする研究・技術開発において社内はもとより多様なサイエンスや大学や公的研究機関との連携、原材料からユーザー企業まで幅広い関連企業を巻き込んだイノベーションに向けた熱い決意を表しているものといえよう。

日本流イノベーションを目指す研究・技術開発体制

阿部副社長は「日本には日本人気質に合った研究・技術開発のやり方があり、東レの研究・技術開発戦略もそれをふまえたものになっている」と語る。

東レは、国内一二拠点、海外一五拠点（北米四、欧州三、アジア八）で研究・技術開発を行う。全世界の要員は約三七〇〇人、全従業員の約八％である。「研究・技術開発こそ、明日の東レを創る」を信念に、「材料の価値を見抜いて粘り強く取り組む」、また「技術融合による新たな価値の創造」を掲げる。

材料にこだわり「分断されていない研究・技術開発」を追求する東レの姿勢は社内組織に反映されている。その中核を担うのが「技術センター」である。日本人の勤勉さ、創意工夫や和の文化を生かして研究や研究者の垣根を取り払った〝融合〟の視点を重視して新たな価値創造に取り組んでいる。

東レは「技術センター」という組織に、すべての研究・技術開発機能を集約させている。この「分断されていない研究・技術開発組織」に多くの分野の専門家を集めることにより、技術の融合による新技術が生まれやすくなる。さらに、「分断されていない研究・技術開発組織」では、ひとつの事業分野の課題解決に多くの分野の技術・知見を活用でき、また、さまざまな先端材料を複数の事業に迅速に展開できる。まさに総合力の発揮であり、この融合と総合力の発揮も日本流イノベーションに重要なファクターである。

研究・技術開発の起点である「最初の井戸」を掘ってテーマを創るのは研究者の仕事だが、競争力のある事業に育てるためには、生産技術がカギを握っていると強調する。東レのぶれない戦略のひとつに基礎研究は国内で実施、その成果を国内工場（マザー工場）で立ち上げることを経営の基本方針として堅持している。つまり、蓄積した生産技術やノウハウを生かして、日本でまず生産を開始してスピード感を持って事業を展開する。現場重視の新製品、新事業創出は東レの構築してきた企業文化である。米国シアトルの先端複合材料の研究・技術開発拠点を除いたほかの海外拠点は現地市場のニーズに合致した製品を開発することを目的にしており、基礎研究は日本に集約している。

「深は新なり」、これは高浜虚子の言葉であるが、ひとつのことを深く掘り下げると新しい何かが見えてくるという意味で、東レは先端材料の研究・技術開発のキモになる言葉として大事にする。極限を追求するということで、既存の材料でもあらゆる視点から徹底して見直し、深く掘り下げ新たな技術、製品を創出する。極限追求の実例にナノ積層フィルムがある。例えば、一〇ミクロンの厚さに二〇〇〇層もの極薄な樹脂フィルムを重ねる高精度多層積層技術である。こうした技術はライバルの参入障壁になるだけに、東レはそれを研究の初期から意識しているという。

ここ数年、部材のすり合わせがデジタル化されてしまい、新興国の追撃が容易になってしまった結果、組立産業において日本では急激に競争力を喪失した分野もある。「日本の素材産業は組立産業とややネイチャーは違うが、新興国の二歩、三歩先を行く先端材料を継続的に創出していく必要がある。先端材料の定義は、かなり円高の時代でも、輸出で外貨が稼げるような高付加価値材料であり、その創出がポイントとなる」（阿部副社長）。素材系企業と組立系企業の研究・技術開発戦略には違いがあろう。共通するのは、ものづくり産業のイノベーション力の再強化で、経済再生、国際競争力の立て直しに取り組むのが王道という認識を大事にすべきということである。研究に始まり開発、生産につなぐ東レの事業創出サイクルは、先端材料のみならず日本のものづくり産業のモデルになるのではないだろうか。

炭素繊維の成長を支えた超継続的研究・技術開発

阿部副社長は「日本流イノベーション創出のためには、時流迎合ではなく、大きな時代観をふまえた、長期視点での取り組みが重要である。欧米流に迎合することなく、日本、そして日本人気質に合ったやり方を貫くことが必要である」と語る。

炭素繊維の研究・技術開発は一九五〇年代に米国で始まった。背景に宇宙開発に必要な耐熱性の高い材料が要求されたことがある。当初はレーヨンを原料に開発が動き出したが、産業技術総合研究所の前身である通産省工業技術院大阪工業技術試験所の進藤昭男博士は、試行錯誤を重ね、ポリアクリロニトリル（ＰＡＮ）繊維を原料とする炭素繊維の開発に成功、一九五九（昭和三四）年に特許を申請した。

東レは進藤博士が開発した炭素繊維技術の価値をいち早く見抜き、特許の実施権を取得した。東レは一九六〇年代にいまの言葉でいうオープンイノベーションを実践していた訳である。世界の有力企業が炭素繊維の技術開発に挑戦しながら途中で次々に断念、撤退に追い込まれるなかで、東レは粘り強く研究・技術開発を継続して世界のトップシェアを獲得した。「超継続」と表現される長期視点で研究・

技術開発を行う姿勢とともに、一九六一（昭和三六）年の本格的研究開始以前から後述する「アングラ研究」で炭素繊維を手掛けていたことが成功の背景にある。この間の研究を通じて「進藤博士の研究の価値をいち早く見抜くことができた」（阿部副社長）ことが大きく、研究の初期段階から他社を一歩リードできたのである。

その後も基礎研究に手を抜かず、特に炭素繊維の強度に大きな影響を与える欠陥の構造解析、解決に全力を傾けた。一九七〇年代にはミクロンサイズの欠陥をクリアすることに成功、さらにサブミクロンサイズ、ナノサイズと、より微細化した欠陥も解決した。この〝粘り強い基礎研究〟が、現在も世界最高の強度維持につながっている。

その間、東レは市場が立ち上がるのを寝て待っていたのかというと、決してそうではない。最初から航空機に使うというビジョンがあり、地道な基礎研究によって、強度を研究当初の三倍以上に高めてきた。その結果、航空機にも安心して使える炭素繊維をつくることができるようになったのである。

東レが炭素繊維の研究・技術開発を継続できた最大の理由は、その材料としての価値を見抜き、本丸を航空機用に見据えつつ、途中で釣り竿やゴルフクラブなど異なる用途で事業をつくりキャッシュフローを生みながら、また技術も磨き、虎視恍々と本丸の航空機を狙ったことである。阿部副社長は「基本発明は世界各地で起こりえるが、それだけでは経済的価値を伴う真のイノベーションにはつながらず、粘り強い基礎研究が必要である。この粘り強い基礎研究こそ、『日本人気質を生かした強みであり最大の参入障壁』である」と語る。

アングラ研究が生み出した独創的技術

研究テーマを自由放任にすれば戦力が分散して、研究効率は低下し激しい競争を勝ち抜くことができない。研究・技術開発の方向を明確にしながら、研究者の創造性やモチベーションを維持、向上させることは研究現場の大きな課題である。企業は、研究の規律を保ちながら研究者の自由な発想を引き出す取り組みに知恵を絞ってきた。その解のひとつとして、一定比率で研究者に自由な裁量による研究を認める「アングラ研究」を導入している企業も多い。米国スリーエムのヒット商品「ポスト・イット」は、自社のビジネスに役立つことを前提に勤務時間の一五％を自由な研究に振り向けてよいとする「一五％ルール」から生まれたことが知られている。最近では情報検索のＩＴ大手企業であるグーグルでも導入するなど研究マネジメントとして改めて注目されているが、東レはスリーエムの導入以前からアングラ研究を活用してきた。

　東レのアングラ研究では、正式な研究テーマとして決定される前の予備的な実験・調査に業務の一〇～二〇％を費やすことが、むしろ奨励されている。

　アングラ研究から始まり、事業化につながっていたものは数多い。例示すると、①カラーフィルター「トプティカル」②極細繊維ワイピングクロス「トレシー」③炭素繊維　④磁気テープ用薄膜フィルム　⑤スエード調人工皮革「エクセーヌ」などである。いずれも高収益な有力素材がアングラ研究から生まれたことは興味深い。

アングラ研究から生まれた製品。左上から時計回りでトプティカル、トレシー、炭素繊維、エクセーヌがデビューしたパリコレ

　フィルム研究に長年携わってきた阿部副社長も、アングラ研究から始めた磁気テープ用多層ポリエステルフィルムの開発で一九九六年度に大河内記念生産特賞を受賞している。東レはポリエステルで繊維のみならず同フィルムのトップメーカーだが、一九八〇年代後半に急激な拡大を続けた家庭用ビデオテープ市場が伸び悩

み、競争も激化した時期で、新たな展開を模索していた。そこで、記録特性とテープの走行性を同時に解決する研究に着手、約一年半をかけてフィルム表面の粗さを一〇～二〇ナノメートルオーダーで制御する新技術「薄膜積層技術（NEST）」を創出した。国内特許出願二二三件だけでなく、世界主要国で基本特許を取得し、ビデオテープ素材のグローバルスタンダードになったのである。

その後、家庭用ビデオテープの市場は縮小したが、ビッグデータの時代が到来し、バックアップ用の大容量磁気テープに不可欠な技術となって安定した需要を確保している。

グリーンイノベーション事業で世界を変える

東レが現在取り組んでいる中期経営課題〝プロジェクト AP-G 2016〟では「革新と攻めの経営 - 成長戦略の確実な実行 -」を推進、二〇一七（平成二九）年三月期の業績目標は、売上高二兆二三〇〇億円、営業利益一七〇〇億円、ROA約七％、ROE約一〇％を掲げている。さらに二〇二〇（平成三二）年近傍を視野に入れた長期経営ビジョンでは、〝先端材料とグリーンイノベーション（GR）で世界に飛躍する〟ことで売上高三兆円、営業利益三〇〇〇億円への挑戦を表明している。この将来計画実現の成否は、経営の中軸に据えるグリーンイノベーション事業が握っているといっても過言ではない。二〇一六（平成二八）年三月期のＧＲ事業の売上高は約六六〇〇億円（全社売上高の三一％）であり、二〇一七年三月期には約七〇〇〇億円、二〇二〇年近傍には売上高一兆円挑戦を目指している。

東レは外部経済環境の影響を受けながらも、研究・技術開発投資をほぼ右肩上がりで増やし、二〇一七年三月期は六五〇〇億円（連結ベース）の見通しである。これまでもイノベーション効率を意識した研究・技術開発マネジメントを追求しており、化学大手企業のなかで高い投資効率を誇っている。蓄積した技術・ノウハウに加え、マネジメント力を生かしてＧＲ関連分野に研究・技術関連予算の約半分を投入し、後述するライフイノベーション（ＬＩ）への二五％投入と併せて、戦略分野に傾斜配分を行う考えだ。

東レの推進するＧＲ事業は、①省エネルギー②新エネルギー③バイオマス④水・空気浄化、環境負荷低減に重点領域を絞り込んだ。省エネではエネルギー利用の高効率化を目標に、炭素繊維など先端材料を駆使して自動車や航空機の軽量化を加速する。炭素繊維複合材料（ＣＦＲＰ）を機体構造重量の五〇％以上に増やしたボーイング７８７機は、航空機重量を二〇％軽くしたが、次世代大型旅客機

「７７７Ｘ」でさらなる軽量化に取り組む。

新エネルギー分野では、地球温暖化対策として着実に市場を拡大している風力や太陽光など再生可能エネルギー分野をターゲットに材料、部材開発を進めている。ＣＦＲＰを使って風力発電機用ブレードや圧縮天然ガス（ＣＮＧ）タンクの軽量化、ポリエステルフィルムでは太陽光発電システムのバックシート用素材に実用化した。また、リチウムイオン二次電池（Ｌｉ Ｂ）セパレータ、燃料電池電解質膜や電極基材など電池材料にも積極的に展開している。

バイオマスなど非石油資源を出発原料とする素材開発にも意欲的に取り組んでいる。水処理用分離膜技術とバイオ技術を融合させ、糖化・発酵・精製プロセスの技術開発も進めている。「原油値下がりはバイオマス技術開発の逆風になるが、長期的には間違いなく必要な技術である。その際には食料と競合しない非可食バイオマスを原料にしなくてはならない」と阿部副社長は断言する。

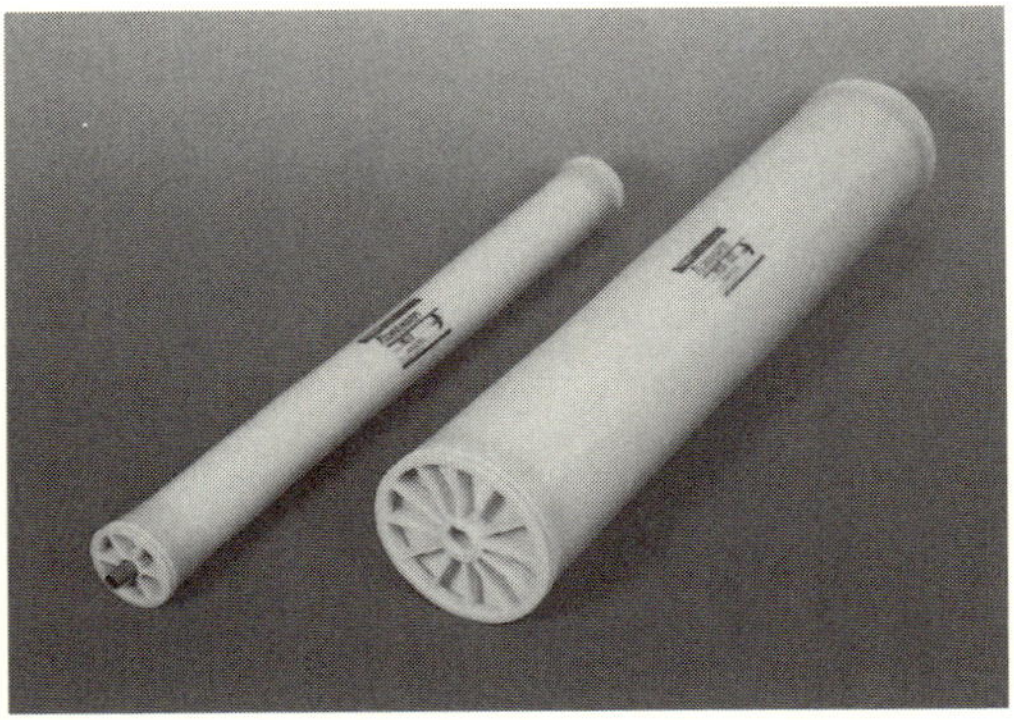

RO 膜ロメンブラ

水不足や水質汚染は人類の直面する世界的課題であり、化学技術で解決できる領域も多い。東レは一九六八（昭和四三）年に逆浸透膜（ＲＯ膜）の研究に着手、超純水プラント用のＲＯ膜を一九八〇（昭和五五）年に量産化、その後もかん水（塩水も含んだ地下水など）淡水化、海水淡水化とハードルの高い技術に挑戦している。水処理膜事業でも炭素繊維同様に本丸を海水淡水化に見据えつつ、途中で半導体洗浄用超純水向けなど異なる用途で事業をつくりキャッシュフローを生みながら、また技術も磨きながら、虎視眈々と市場の大きな本丸の海水淡水化市場開拓に取り組む。ちなみに、東レの納入したＲＯ膜は、二〇一五（平成二七）年三月末時点で、世界で日量四二三〇万立方メートル、じつに一億七〇〇〇万人分もの生活水を処理しているという。

独自領域を開拓するライフイノベーション事業

東レグループは一九七〇年代から医薬品・医療機器の開発、事業化に乗り出し、天然型インターフェロンβ製剤「フエロン」、経口プロスタサイクリン誘導体製剤「ドルナー」、血液透析患者向け経口そう痒症改善剤「レミッチ」など医薬品のほか、血液透析装置など医療機器を手掛けている。医薬品・医療機器に加えて、身近な生活の場で健康、長寿に貢献している家庭用浄水器「トレビーノ」、衛生材料用ＰＰ（ポリプロピレン）スパンボンドなどを含めてライフイノベーション（ＬＩ）事業に分類している。こちらも大きく成長させる戦略分野だが、二〇一六（平成二八）年三月期のＬＩ事業の売上高は約一六〇〇億円（全社売上高の約八％）の水準にとどまる。医薬品事業にビジネスチャンスを模索する化学企業は多く、自社の研究・技術開発体制の強化だけでなく、Ｍ＆Ａも通じて事業拡大を図っている。東レの場合は創薬研究にこだわってきたこともあって、国内化学大手と比較すると医薬品事業の規模はけっして大きくはない。しかし、高齢化社会の到来で医療関連市場は確実に拡大する。同時に医療コストの上昇に対応できる費用対効果に優れる質の高い研究・技術開発が迫られていると言えよう。

ＬＩ事業の売上高目標は二〇一七（平成二九）年三月期に一七〇〇億円をクリアし、引き続き着実に事業開発を推進することで、二〇二〇（平成三二）年近傍には三〇〇〇億円を視野に入れている。この目標達成とともに、ＬＩ事業の長期的な研究・事業開発戦略策定を目指し、二〇一四（平成二六）年四月に「ライフイノベーション事業戦略推進室（ＬＩ戦略室）」を新設、グループの総合力を生かした取り組みの強化に乗り出した。医薬品では神経、腎・自己免疫、がん領域に特化、医療機器では透析、救急集中、心・血管を重点化するとともに、バイオツールを駆使して、がんなどの早期診断に活用する。三事業によるシナジー効果追求も課題だ。ユニークな製品も生まれている。高感度ＤＮＡチップ「３Ｄ－Ｇｅｎｅ」を活用して、国立研究開発法人 国立がん研究センターほか七機関と共同で国家プロジェクト「体液中マイクロＲＮＡ測定技術基盤開発」を推進しており、健康診断などで簡便にがんや認知症に特有のマイクロＲＮＡを検査できる診断機器・検査システムの開発に取り組んでいる。すでに数万件規模の解析を実施し、乳がんや大腸がんなどのマーカーを同定している。本成果を基に国内で早期の診断薬化を目指すとともに、先制医療先進国の米国へも展開する予定である。

ＬＩ分野で素材力を生かしたユニークな技術開発として機能性化学防護服にも注目したい。作業服では暑さや蒸れ対策が遅れているが、東レでは防塵性と高い通気性を両立させた作業服を開発、福島県富岡町で行われている原発事故による放射能除染現場の作業環境改善に貢献している。また、防水性改善と並行して、ウイルスバリア性や透湿性を高いレベルで両立させた作業服も開発、まず農薬散布用防護服として市場開拓に乗り出した。

ＬＩ戦略においても、蓄積してきた医薬・医療事業の基盤技術と有機合成化学、

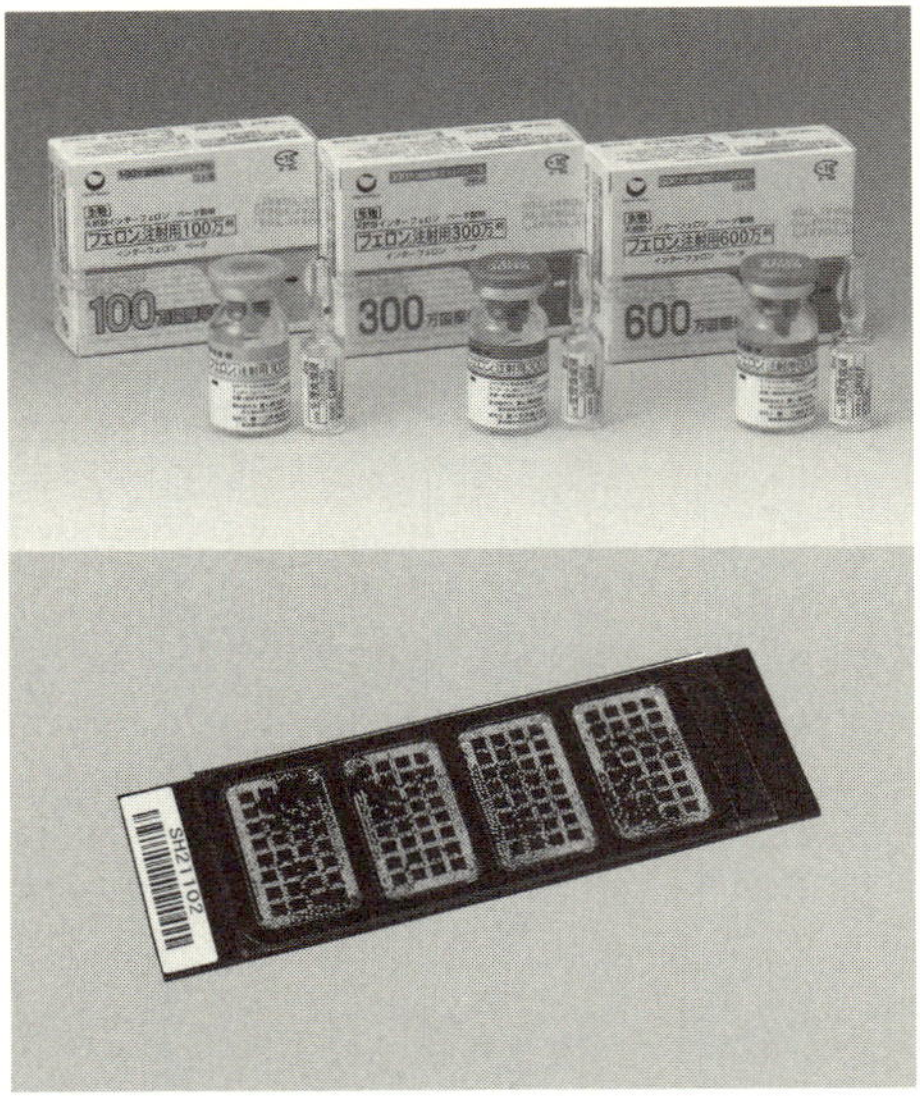

上のフエロンと下の3D-Gene（DNAチップ）

高分子化学、バイオテクノロジー、ナノテクノロジーの四つのコア技術に位置づける先端材料との融合を図り、「東レ型ライフイノベーションを実現したい」（阿部副社長）と決意を語る。

東レでは、創立九〇周年記念の一環として約一〇〇億円を投資、創業の地である滋賀事業場に新たな研究拠点「未来創造研究センター」を整備する。完成は二〇一九（平成三一）年末の予定。グローバル研究のヘッドクォーターとして、未来社会に必要な機能や仕組みを探究し、材料の強みを生かしたコトづくりを通じて暮らしを豊かにする研究・技術開発を推進する。阿部副社長は「次の五〇年を支える事業のタネを、絶え間なく生み出し続けることが東レの背負った宿命」とさらなる挑戦を宣言する。

c h a p t e r 4

第４章

東レグループの営業戦略

化学繊維・レーヨンを祖業とする東レグループはその後、合成繊維、樹脂・フィルム、炭素繊維複合材料、電子情報材料、医薬・医療材料、水処理分離膜などを開発し、事業領域を拡げてきた。繊維を軸にその足跡をとらえるとともに、「先端材料で世界のトップ企業を目指す」を掲げる東レの最新の事業展開、営業展開を追った。

産業ジャーナリスト
佐藤 眞次郎

荒波の繊維業界で「繊維は成長産業」と宣言

一九一〇年代に国産化が始まったレーヨン繊維で、日本の化学繊維産業の歴史は幕を開く。東レは一九二六（大正一五）年に「東洋レーヨン」として創業され、化繊メーカーとしての一歩を踏みだした。

その後、レーヨンに代表される再生繊維から合成繊維の時代に移るが、東レは米国デュポン社と一九五一（昭和二六）年に技術提携契約を締結してナイロンの本格生産を開始。一九五七（昭和三二）年には英国ＩＣＩ社とポリエステル繊維の技術提携契約を結び、翌年三島工場で生産を始める。一九六四（昭和三九）年にはアクリル繊維の生産も開始して、三大合繊を手掛ける繊維業界のリーディングカンパニーの地位を強固にする。デュポン、ＩＣＩとの契約は合繊技術に限定せず、ナイロン樹脂、ポリエステルフィルムも含まれ、関連するプラスチック事業の技術開発も推進する。この経営判断が、その後たびたび起こった合繊不況の際に収益を下支えることになる。東レ経営者の先見の明として評価されるだろう。

日本の繊維産業は好不況の波を受けながらも一九七〇年頃までは右肩上がりの成長を続けた。しかし日米繊維摩擦、ニクソンショック後の円高、さらに二回の石油危機に遭遇して成長にブレーキがかかる。化学繊維の国内生産は一九七〇年代初めに年間一八〇万トン台まで成長したものの、その後は一進一退が続くことになる。一九八五（昭和六〇）年のプラザ合意による円高不況に続き、バブル崩壊、アジア通貨危機などの打撃も受け、一九九〇年代後半から国内合織設備は過剰感が強まる。日本の合織産業は事業撤退を含めた業界再編の動きが顕在化する。

日本の合織業界はその後、海外への生産移転、別会社化してのコスト削減などで生き残りを図ったものの競争力は回復せず、輸入品増加もあってリーマンショック後の国内生産はピーク時の半分程度まで低迷した。川上の合織業界だけでなく、テキスタイルやアパレルなど川中（織布、ニット、染色、中間製品流通）・川下（縫製、製品流通）業界も生産縮小が続き、誰の目にも繊維は衰退産業と映った。

この厳しい環境下でも、東レは「繊維は成長産業」と位置づけて攻めの経営を追求する。この背景には、世界の人口増加に対応してポリエステル中心に合繊生産は増加していることがあった。その牽引役は中国で、二〇〇三（平成一五）年には合繊生産が一〇〇〇万トンを突破し、二〇一四（平成二六）年には四〇〇〇万トンに急成長、世界の七〇％を占めることになる。

中国の台頭で日本の生産が際立って落ち込み、合織産業の先行きに悲観論が増したが、東レは合織の用途が広いことにも注目した。衣料のみならず、自動車分野に代表される産業資材、インテリア、人工腎臓などライフサイエンス分野、農林資材や土木・環境資材など衣食住を支える基幹産業向けに安定して伸びる市場が存在する。これらの製品は、一本の繊維から織・編物で二次元化、さらに三次元化（立体）につながる高度なすり合わせによるものづくりの技術が要求され、先進国市場でも成長する可能性を見出したのである。世界の合織企業生産能力ランキング上位は中国企業が占める（二〇一四年、出所ＰＣＩ）。三大合織設備能力のトップは中国の浙江桐昆集団で年二六八万トン、トップ一〇中の七社が中国企業で、東レは一一位にランクされ、九三・四万トンとトップ企業の三割程度にとどまる。しかも国内の東レ本体比率は約三〇％で、主力生産拠点は海外のグループ会社に移しながら、繊維事業で高収益を維持していることは驚異的でさえある。

合織は好不況の波の大きい産業だが、東レは自助努力を軸に危機を乗り切ってきた。一九七三（昭和四八）年の石油危機後の原材料価格高騰に対処するため、省エネ・原単位改善やプロセス合理化に加え、絹の風合いを表現した「シルック」に代表される高付加価値な差別化素材の強化を図った。東南アジア生産拠点の整備にも取り組んだ。一九八五（昭和六〇）年のプラザ合意後の円高不況には、内需へシフトするためにポリエステル重合・製糸にまで踏み込んで「新合繊」を開発する。バブル崩壊やアジア通貨危機が相次いだ一九九〇年代は、中国への投資や韓国企業の買収を通じたグローバルオペレーションの拡大を推進、国内外の生産のすみ分けを実行する。並行して産業資材や先端材料の技術開発を強化しながら営業部門の意識改革にも取り組む。二一世紀になっても、繊維産業への逆風は続くが、繊維を基幹事業として位置づけて経営資源を集中的に投入したのである。

日本の合繊産業が量的拡大に終止符を打ち、外部環境に振り回された厳しい時代にも、新技術・新製品開発の努力を続け、業界に先行してヒット商品を生み出した。同時に徹底した省エネ・合理化の手を緩めず、国内繊維七工場を維持しながら、成長するアジア市場にも投資を継続してグローバルオペレーションによって為替変動にも対応した。

新たなるビジネスモデル

二〇〇六（平成一八）年に始まった「ユニクロ」との戦略的パートナーシップは、新しいビジネスモデルとして注目された。五年契約による素材から最終製品まで一貫した共同開発・生産体制構築の取り組みだ。一万着もの試作品をつくるなど

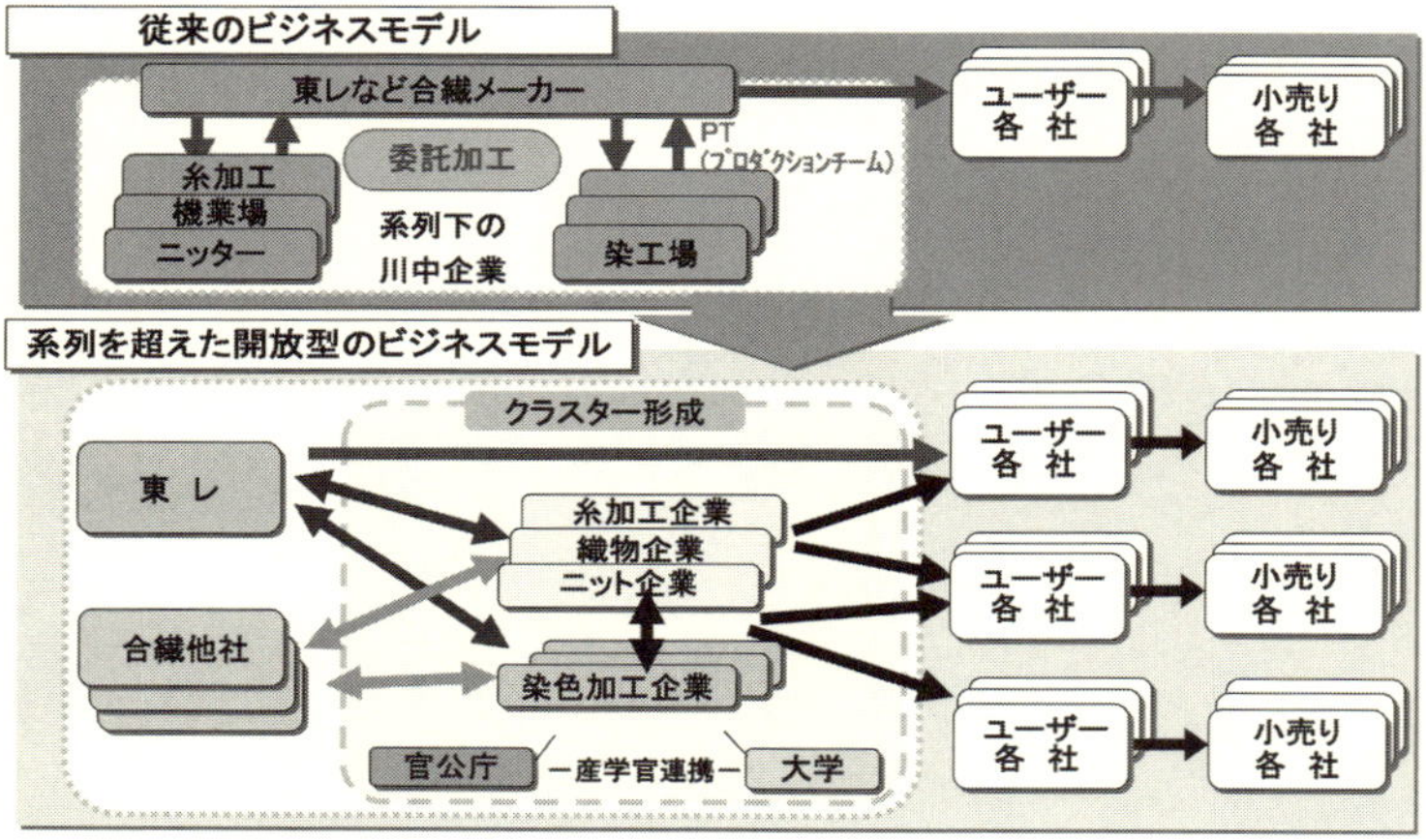

東レ合繊クラスターのビジネスモデル

並々ならぬ苦労もした「ヒートテック」や「ウルトラライトダウン」などヒット商品が相次ぎ、第一期五年間では両社の取引額を累計二〇〇〇億円以上とする目標に対し二五〇〇億円を、二〇一一（平成二三）年からの二期では四〇〇〇億円の目標に対し六〇〇〇億円を達成した。二〇一六（平成二八）年に始まった三期では、コア技術の融合による新商品開発やグローバル生産オペレーションの深化で一兆円以上の取引額とすることを目標に掲げて始動した。

その一方で、国内繊維産業の縮小が続き、織・編を主体とするテキスタイルや染色の主力生産基地となっている石川、福井など繊維産地の地盤沈下は深刻である。川中業界の縮小は日本の繊維産業の競争力低下につながるという危機感が高まった。東レは繊維産地の再生と日本の繊維産業の復権を目指すための「東レ合繊クラスター」構想を提言し、産地企業の取り組みに対するサポートを開始した。合繊メーカーによる委託加工型ビジネスから脱皮して、合繊各社や川中の産地企業同士が系列関係を超えて連携、イノベーションを生み出すサプライチェーン改革への挑戦が動き出している。

二〇一六年三月期の繊維事業の売上高は八九二〇億円で全社比率四二%、営業利益六八九億円、同四五%を確保した。二〇二〇（平成三二）年を視野に入れた長期経営ビジョンでは、全社売上高三兆円、営業利益三〇〇〇億円を目指しているが、繊維を中心とする基幹事業は売上高一・五兆円と半分を占める屋台骨である。

目標達成に向けて取り組むのは東レが世界唯一のビジネスモデルと自負する三次元事業展開である。三軸とは、①産業用を含めた三大合繊・人工皮革・先端材料などの技術開発力と多彩な商品群 ②日本を中心に世界に広がったグローバルな事業展開 ③糸綿・テキスタイル・縫製品のサプライチェーンへの対応力、のこと。三軸の要素を組み合わせて顧客にソリューションを提供し、「繊維は成長産業」を自ら実証する方針である。

このビジョンに沿って、グローバルサプライチェーンマネジメント推進の戦略的組織の編成、人材確保と育成を強化する。田中英造副社長・繊維事業本部長（現常任顧問）は「高度なグローバル展開を支える人材と、国内外関係会社を含め新規ポリマー、生産プロセスなど技術開発人材の育成を進めたい」と目標を掲げる。すでに「繊維グローバル人事ミーティング」を立ち上げ、「繊維ビジネスに不可欠なキャリア形成に向けた人材育成、公正・透明な人事政策を実行したい」と、人材力を武器に世界の繊維産業でこれまで以上に存在感を発揮することを狙っている。

技術融合によるイノベーション

プラスチック・ケミカル事業も東レの基盤事業と位置づけ、経営資源を投入してきた。ナイロン繊維国産化から数年遅れて販売を開始したナイロン樹脂「アミラン」、ポリエステル繊維国産化の翌年に生産を始めたポリエステルフィルム「ルミラー」などは、高分子技術をコアにした技術融合の成果であり、東レの掲げる〝分断されていない研究・技術開発〟が早い時期から社内に定着していたことを物語る。〝夢の繊維〟ともてはやされたが日の目を見なかったポリプロピレン（PP）繊維は、PPフィルム「トレファン」として結実させた。最近では衛生材料用のPPスパンボンドが急成長、グローバルに事業を展開して話題を集めている。

このほかＡＢＳ（アクリロニトリル・ブタジエン・スチレン）樹脂「トヨラック」、ポリオレフィン発泡体「トーレペフ」などを一九六〇年代に企業化、樹脂からフィルム・シートまで多様なプラスチック製品を揃えた。あきらめない技術開発とグローバル事業展開を模索することで、プラスチック業界で独自性を発揮するとともに、情報通信材料事業への橋頭保の役割を果たした。

プラスチック・ケミカル事業の二〇一六（平成二八）年三月期売上高は五二一二億円、営業利益は二九四億円を確保。これからは全社を挙げて推進する自動車材料戦略を牽引する役割が期待されている。

重点事業として取り組んできた高機能・高性能繊維やバイオマス繊維の事業展開でも高分子技術やナノテクノロジーに加え、バイオテクノロジーなどコア技術と融合し同業他社がまねできない製品開発に成功している。例えば、スーパーエンプラとして市場を開拓してきたＰＰＳ（ポリフェニレンサルファイド）樹脂「トレリナ」は、耐熱性・耐薬品性・難燃性・剛性・寸法安定性に優れたポリマーの特性を生かし、繊維化による新規市場開拓も進める。アラミド繊維やフッ素樹脂は高機能を武器に用途を拡大するため、幅広い加工技術を駆使して技術開発に取り組む。

バイオマスポリマーでは熱可塑性セルロース、ポリ乳酸（ＰＬＡ）、ポリトリメチレンテレフタレート（3GT）などで繊維とプラスチックが一体となった技術開発を推進する。ナイロンやポリエステルなど石油由来ポリマーのバイオマス原料転換にも取り組んでいる。地球温暖化対策に貢献するグリーンイノベーション製品は、東レの最も得意とする領域である。

日本の素材力を世界にアピールした炭素繊維

鉄と比べて重さ四分の一、強度一〇倍の先端素材である炭素繊維の歴史は、トーマス・エジソンが電球のフィラメントに木綿や竹を焼いて製造したことに始まる。東レは、一九七一（昭和四六）年に商業生産を開始し、量産化や用途開発で先行してPAN（ポリアクリロニトリル）系炭素繊維「トレカ」ブランドで産業技術史に金字塔を打ち建てた。世界のトップメーカーの東レだが、その過程は必ずしも平坦ではなかった。

一九八三（昭和五八）年に炭素繊維部門に移り、フランスや米国子会社勤務を含め大半を炭素繊維の市場開拓、営業で世界を駆け巡った大西盛行専務・複合材料事業本部長（現同本部顧問）は「世界の有力化学メーカーが炭素繊維に参入しながら撤退するなかで、日本の合織系企業が生き残り、高いシェアを維持しているのは粘り強く技術開発を進めたことが大きい。特に化学系企業がまねできないアクリル原糸から複合材料まで垂直統合による一貫した技術開発を追求、競争力を高めた」と、繊維技術の役割を強調する。加えて、ユーザーの高度な性能要求にタイムリーに対応するきめ細かさやコストダウンの努力、長期間に及ぶ研究開発投資を継続する経営の強固な意志がそれを支えた。政府も日本の素材技術力の可能性に賭けて継続的に技術開発を支援したことも大きい。

世界の炭素繊維市場の約八割を東邦テナックス、三菱レイヨンを含めた日本企業三社が独占している。このなかで東レは高性能炭素繊維の世界シェアの五割以上を維持、航空宇宙分野で圧倒的シェアを獲得している。

東レの炭素繊維が米国ボーイング737の二次構造材に採用されたのは一九七五（昭和五〇）年。ただ航空機の安全に直接影響しない内装部材が中心で、CFRP（炭素繊維複合材料）比率は一％以下、一機当たりではわずか〇・一トン程度だった。一九八一（昭和五六）年に中間材料である東レのプリプレグ（炭素繊維に樹脂を含浸させたシート状のもの）が二次構造材としてボーイング社の材料認定を受けたことで、CFRP比率は三％、使用量は一・五トンに増える。そしてボーイング777に納入するために東レのプリプレグが一次構造材料の認定を得たのが

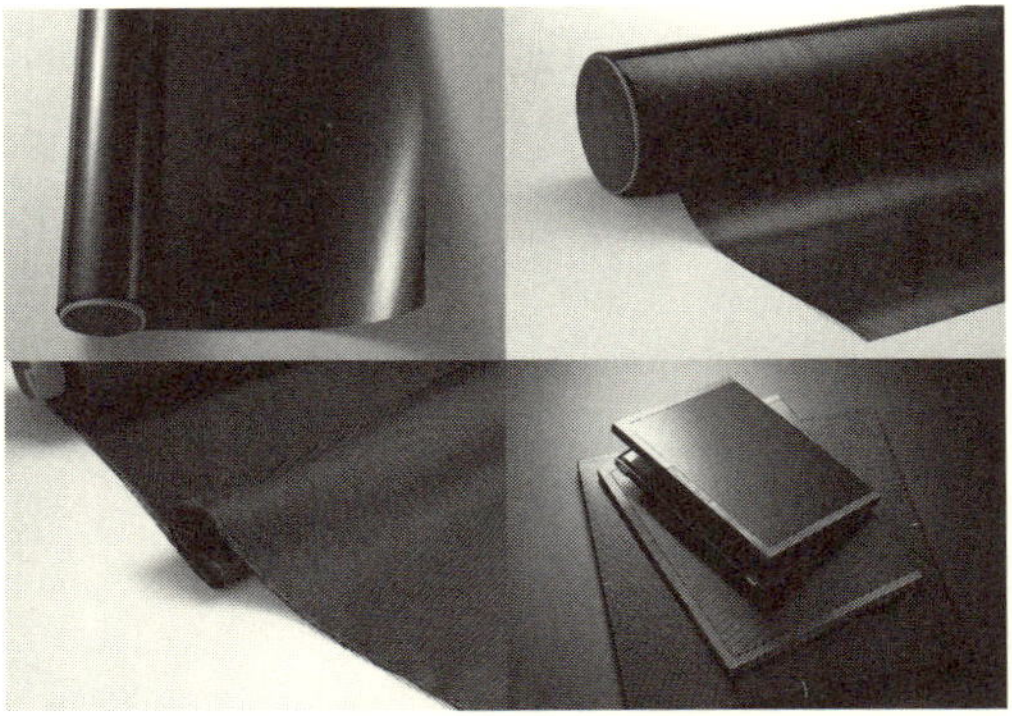
上の２枚は炭素繊維のプリプレグ、下左は織物、下右はコンポジット

一九八九（平成元）年。これによってＣＦＲＰ比率は一二％、使用量は一〇トンと飛躍的に増加したのである。この交渉に携わった大西氏は、「ボーイング社が一次構造材料に採用する条件は、生もので保管の難しいプリプレグ工場を米国内に建設すること、（東レの経営危機などリスクを想定して）米国企業に炭素繊維技術をライセンスするという二点だった」と振り返る。東レはこの条件を受け入れ、一九九二（平成四）年にＴＣＡ社を設立してプリプレグ生産を、一九九七（平成九）年にはＣＦＡ社で炭素繊維生産を始め、米国内で原料プリカーサ（炭素繊維原糸）からコンポジットまで一貫生産体制を構築したのである。

並行して仏エアバス社などへの材料供給も拡大する。それでも航空会社の一部には「炭素繊維製航空機は本当に安全か？」という不安の声もあったという。この懸念にボーイング社の技術責任者が「日本の東レが生産した材料だけに安全を保障する」と太鼓判を押してくれたと大西氏は明かす。日本のものづくり、とりわけ素材技術が世界の最先端であることを示すエピソードだ。

ボーイング社は二〇〇四（平成一六）年から787へのCFRP大量採用に踏み切る。全構造材料の約五〇％をCFRP化して、使用量は三五トンに増加する。主翼胴体、中央翼、垂直尾翼、水平尾翼、翼胴フェアリングなどにCFRPを使った787は二〇一一（平成二三）年に就航して世界各地で話題を集めた。787は二〇一六（平成二八）年に月間一二機の生産体制に到達、二〇一九（平成三一）年末には一四機まで増産が計画されている。

東レは二〇一五（平成二七）年一一月にボーイング社とプリプレグ供給に関する新たな包括的長期供給契約を結んだ。二〇〇五（平成一七）年に結んだ包括供給契約を一〇年以上延長するとともに、既存の787に加えて、新型機「777X」向けに新たな供給契約を締結した。運航開始予定は二〇二〇（平成三二）年だが、ボーイング社はすでに三〇〇機以上を受注している。CFRPの採用拡大で従来機種に比べて燃費は一五％改善することになる。

これにより、787、777X向けの供給総額は一・三兆円を超える。これを受けて東レは、米国サウスカロライナ州スパータンバーグに新規工場用地を取得、第一期として約五〇〇億円を投じてプリカーサから焼成までの年二〇〇〇トンの一貫炭素繊維生産設備、プリプレグ生産設備を新設する。二〇一七（平成二九）年五月から順次生産を開始、二〇一九（平成三一）年にはボーイング向けのプリプレグ供給を始める。さらに二〇二〇（平成三二）年までに五〇〇億円の追加投資を計画する。競合メーカーが新たに材料認定を得るには、多額のコストと時間が必要であり、航空宇宙分野での東レの優位性は簡単には崩れないだろう。

広がる炭素繊維の用途、素材の総合力で自動車市場に攻勢

世界の炭素繊維需要は、リーマンショックによる世界経済の落ち込みの影響を受けて二〇〇九（平成二一）年に急降下したが、その後は再び成長に転じた。特に航空機向けの一次構造材料の使用が本格化した二〇一〇（平成二二）年以降は年率二〇％近い成長が続いている。東レの炭素繊維複合材料事業の売上高は、二〇一三（平成二五）年度に初めて一〇〇〇億円を突破し、二〇一六（平成二八）年三月期には一八六二億円まで増加、営業利益は三六一億円と、名実ともに中核事業に成長した。得意とするレギュラートウのみならず、米国ゾルテック社買収でラージトウも含めた炭素繊維合計で世界の五〇％強のシェアを確保している。世界の炭素繊維

需要は、二〇一五年六万一〇〇〇トン、二〇二〇年近傍に一〇万トン程度にまで拡大すると予想されており、今後量的拡大が見込めるのは一般産業用分野で、とりわけ自動車部材が主戦場となろう。

航空宇宙分野では後塵を拝した同業他社も、自動車では雪辱を期して経営資源を投入する。軽量化や高強度化を目的にＣＦＲＰを使用する自動車は、スーパーカーや高級車から市場が広がっていて、欧州自動車メーカーが先行している。東レは、ドイツやイタリア子会社と有機的連携を図りながら、技術開発やサプライチェーン強化に取り組んでいる。一方で燃料電池車（ＦＣＶ）などエコカーでは、トヨタ、ホンダを筆頭に日本企業が意欲的に取り組んでおり、水素タンクや電池スタックなど炭素繊維に関する提案を強化している。東レの炭素繊維複合材料の自動車向け売上高は三〇〇億円を突破した。熱可塑性樹脂と熱硬化性樹脂両方のＣＦＲＰを要求に合わせて提案できることが大きな武器になる。

また地球温暖化対策として、風力発電用風車などＣＦＲＰ市場の拡大が期待される一方、軽量化による製品使用時のCO_2排出削減を目指して産業機械など幅広い業界から技術開発の要請が寄せられている。

東レと自動車産業とのつながりは、一九四一（昭和一六）年のタイヤコード用強カレーヨン糸の開発に始まる。戦後の自動車産業の成長に対応して、繊維のみならずナイロン樹脂などエンジニアリングプラスチックやフィルムにも展開した。エアバッグ基布は高い信頼性でシェアを伸ばしている。現在、東レの売上高の約一割が自動車関連分野となっており、その半分をプラスチック製品が占める。

自動車各社はカーエレクトロニクス化を推進しているが、それにより車体重量が重くなり燃費が悪化する。このため金属材料の使用を抑制、自動車部品・部材を高分子材料に転換することで軽量化を図ろうという動きが広がっている。

東レの自動車関連ビジネスはティアワン、ティアツーと呼ばれる自動車部品メーカーが主要顧客だが、自動車メーカーとの接点を増やし、各社の事業戦略やニーズを的確につかむべく、二〇〇六（平成一八）年に社内横断の横串組織が必要として社長直轄の「自動車材料戦略推進室」を設置した。グループ内で情報共有化や新規開発テーマ探索を図るとともに、自動車メーカーに対しグループ総合力によるソリューション提供を積極的に進めている。

自動車業界はサプライチェーンが長いこともあって、材料情報は最終の自動車メーカーには届きにくい。「自動車材料戦略推進室を設置したことで、自動車会社から先端材料を知るチャンスになると評価されている。部品メーカーとの連携をより強めながら、多様な自動車部品・材料を提案していきたい」と田中氏は意気込む。

　その技術交流の場になるのが名古屋事業所に二〇〇九（平成二一）年に設立したＡ＆Ａ（オートモーティブ＆エアクラフト）センターだ。ＣＦＲＰの基材や成形技術開発を担うアドバンストコンポジットセンター（ＡＣＣ）、自動車向け先端材料・部材の総合技術開発を担当するオートモーティブセンター（ＡＭＣ）、エンジニアリングプラスチックの開発を担う樹脂応用開発センター（ＰＡＴＥＣ）が一カ所に集中、相互に有機的連携を保ちながら自動車分野を攻略していく考えだ。

TEEWAVE AR1

　二〇一一（平成二三）年に発表した次世代型コンセプト電気自動車〝ＴＥＥＷＡＶＥ〟ＡＲ１は東レグループの技術を結集させたものである。ＣＦＲＰをクラッシュボックス、モノコック、ダッシュパネル、ルーフ・ハッチ、シートなどに使うとともに、バイオプラスチックや人工皮革など東レらしい材料も組み込んでいる。

東レの世界ナンバーワン戦略

東レは、革新と攻めの経営を標榜した中期経営課題「プロジェクト ＡＰ－Ｇ ２０１６」を進行中である。これは、東レグループが強みを発揮できる領域への事業拡大を一層推進し、各事業が世界ナンバーワンになるための戦略と課題を策定したものだ。実際、東レグループの世界ナンバーワン事業は、繊維事業では衛生材用ＰＰスパンボンド、スエード調人工皮革、ヒートテックなど高機能縫製品、プラスチック・ケミカル事業では太陽電池バックシート用ＰＥＴフィルム、ＰＰＳ樹脂、炭素繊維複合材料事業では航空機、ＣＮＧ（圧縮天然ガス）タンク、風車ブレード、自動車、情報通信材料・機器事業では液晶用カラーフィルター製造装置、ディスプレー向けＰＥＴフィルム（反射フィルムなど）、電子部品向けＰＥＴフィルム（離型フィルムなど）、タッチパネル向けＩＴＯベースフィルム、感光性機能樹脂、環境・エンジニアリング事業では海水淡水化用ＲＯ膜である。

東レでは世界ナンバーワン事業の競争力をさらに強化し、先端材料で世界の頂点に立つことを目論んでいる。これらのほか、さらに新たなる世界ナンバーワン事業をいかに構築していくか、東レの今後の営業戦略が注目されるのである。

c h a p t e r 5

第５章

東レグループの海外戦略

半世紀以上前にタイで初の海外生産を開始した東レ。現在では、海外売上高が５割超、海外従業員数は６割に達している。これを実現させたのが企業理念にも通じる「長期的視点で、その国・地域の産業振興、輸出拡大、技術水準の向上に寄与する」という考え方である。日本的経営をグローバルに展開し持続的な成長拡大を続けてきた東レの海外戦略に迫った。

産業ジャーナリスト
佐藤 眞次郎

創業時代から海外市場を意識した経営

東レは二五の国・地域に海外拠点を置き、グローバル展開に拍車をかけている。二〇一五（平成二七）年三月期の連結海外売上高は一兆八〇九億円、海外比率は五三・七％に上昇して国内を上回った。従業員数はグループ会社を含め国内一万七五三一人に対し、海外は二万八二五八人で、その比率は六〇％を超えた。海外市場の開拓のため「反物を担いで、アフリカを含めて世界の隅々まで踏破した」という粘り強い活動に始まった海外事業はいまや、東レの屋台骨を支えるまでに成長したのである。東レの海外展開のルーツから最新の状況までを探っていこう。

一九二六（大正一五）年一月、東洋レーヨンとして設立された東レは、レーヨン繊維に積極的な設備投資を行うとともに、つや消し調の光沢のある新しい糸の開発などで海外市場にも展開することで増産を続け、国際的なレーヨン繊維メーカーに成長した。米国デュポン社から特許を導入したナイロン繊維でも企業化段階から輸出を視野に入れてきたが、一九五五（昭和三〇）年には主要製品の輸出業務を集約して輸出部を新設するなど、戦後の早い時期から海外志向が強かった。

一九五〇年代に輸出で始まった海外市場開拓は、一九五七（昭和三二）年に英国

ＩＣＩ社からポリエステル繊維の技術導入によって強化され、ナイロンに匹敵する国際商品として事業拡大に貢献する。サンプルを抱えた営業マンがアジアのみならず世界各国を売り歩き、日本の戦後復興を繊維産業がけん引した時代だった。

　輸出の時代から一歩踏み出し、一九五六（昭和三一）年に香港の華僑系商事会社・トライロン社に出資して、アジアの繊維需要の取り込み、欧米向け輸出拠点の構築を目指した戦略的な国際展開に着手する。生産拠点の「グローバリゼーション」も検討され、一九六三（昭和三八）年にタイで最初の海外生産拠点が稼働、一九七〇年代にはインドネシア、マレーシアでも現地生産が始まる。当初はポリエステルを中心とした紡績・織布・染色・プリント加工などテキスタイル製品の生産だったが、その後各種合成繊維や樹脂、フィルムなど、さまざまな製品を手掛けていった。

ナイロン繊維

　ただ、この時代の経営環境は順風満帆だった訳ではない。日本の合繊産業が競争力を付けたことに起因する日米繊維摩擦の衝撃は大きかった。一九六〇年代後半からの対米繊維輸出の急増で損害を被ったとして、米国の政府や繊維業界は日本に輸出規制を要求し、日米政府間協定による対米輸出制限に追い込まれた。

その後の為替変動相場制への移行のほか、二度の石油危機により東レの経営は打撃を受ける。このなかでも、新興国の経済政策に沿った東レの海外事業は積極的に進められていたが、東南アジアの生産子会社は欧米向けのポリエステル・綿混紡織物輸出拠点として益々重要な役割を果たすことになった。

グローバル生産の拡大と深化

一九七〇年代後半は、東レにとって内外で厳しい経営環境に直面した時期である。東南アジアの生産子会社は原料価格の乱高下、現地通貨の混乱など荒波の洗礼を受けた。一九八〇年代前半は現地通貨の切り下げなどもあって、大型投資を行ったマレーシアのポリエステル短繊維製造会社ペンファイバー社の撤収が議論された。この危機に、自助努力による生産体制の抜本的見直しやコストダウンを通じた経営再建を決断し、現地会社トップから現場まで一丸となって黒字転換に成功する。

こうした危機を乗り越えて、タイは五〇年以上、インドネシアとマレーシアは四〇年以上の歴史を積み重ねた。東南アジア市場で求められる品質に安住せず、世界レベルの品質、コストを追求することが競争力の源泉とする経営が定着したからである。いずれの国・地域においても技術レベルと品質の向上に取り組み、同一の品質を保証する「Made in TORAY」の思想が海外子会社に浸透するとともに、逆風下でも本質原因を究明するとともに課題を設定し、やるべきことに取り組むという、東レグループの企業DNAを海外子会社にも広げていった。

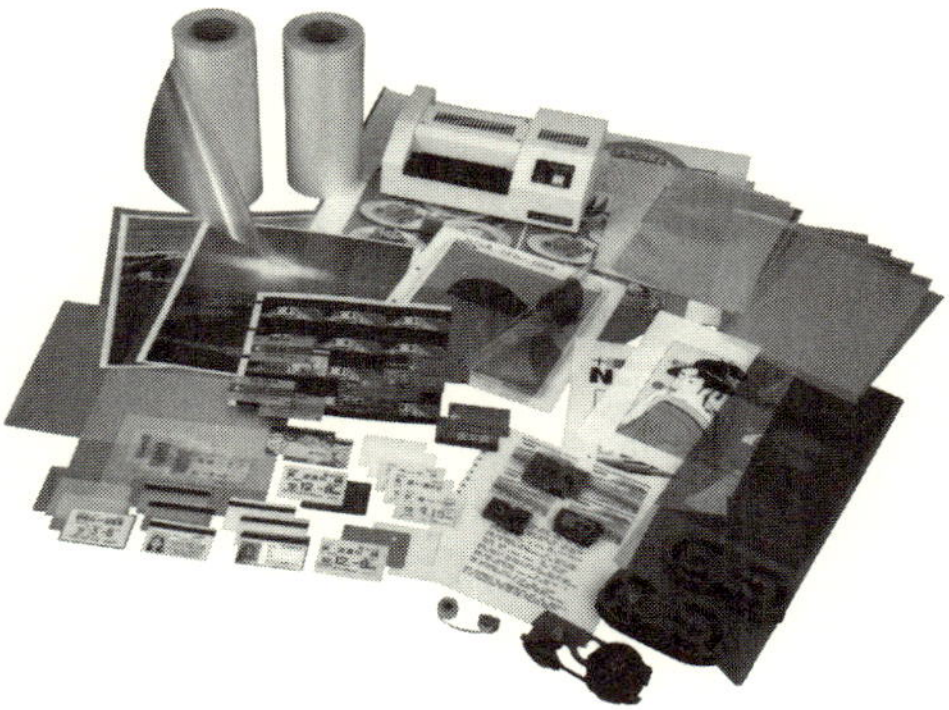
ポリエステルフィルム製品

この時代を経て、海外生産拠点を活用した「グローバルオペレーション」のステージに移行し、日本本社を中心に各地域の需要動向、為替変動、保有設備の特徴などを考慮して最適生産、製品の融通に取り組んだ。欧米市場で販売量を伸ばしたほか、一九八五（昭和六〇）年の「プラザ合意」後の急激な円高とともに進んだウォン高や元高に際しては、東南アジア各社の輸出競争力を高めることとなった。

一九八〇年代後半の円高や業界の過当競争によって、国内の合繊事業を取り巻く環境が厳しさを増すなかで、非繊維事業が着実に力を付けて業績を支えた。ポリエステル（PET）フィルムはビデオテープ市場の急成長で生産・販売量を増やすとともに、ナイロン樹脂やABS（アクリロニトリル・ブタジエン・スチレン）樹脂、PP（ポリプロピレン）フィルムなどプラスチック事業の拡大が続いた。プラスチック事業の主要顧客はエレクトロニクス、自動車など日本企業が競争優位を確保している産業が多く、顧客と一体になった技術開発によって、その後のグローバル展開につながったのである。

一九七〇年のパリコレクションで鮮烈にデビューしたスエード調人工皮革「エクセーヌ」は、高級ファッション素材として世界の有名デザイナーに愛されたほか、靴・鞄などの雑貨用途、家具などのインテリア用途、自動車内装用途など幅広く展開された。現在はグローバルブランド「ウルトラスエード」として、日本における高機能・高品質なものづくりを武器にさらなる拡大がみられる。一方、イタリアで独自の発展を遂げた「アルカンターラ」は、イタリアならではの独特な感性を持った素材として広く認知されている。

一九七一（昭和四六）年に量産化した炭素繊維は、釣り竿やゴルフクラブなどスポーツ・レジャー市場を開拓しながら、一九七五（昭和五〇）年にボーイング

737の二次構造材に採用、航空機市場に足掛かりをつくる。それから一五年後にはボーイング777の一次構造材として認定され、二〇〇三（平成一五）年にボーイング787プロジェクトが始動し、地道な技術開発が大きく花開く時期を迎えた。

東西冷戦終結後の経済環境激変と中国市場の急成長

一九八九（平成一）年の「ベルリンの壁」崩壊、翌年の東西ドイツ統合を契機に、世界はボーダレス化、グローバルメガコンペティションの時代に突入した。このなかで一九八〇年代後半から改革・開放の動きを見せてきた中国が安い労働力を武器に世界の供給基地として浮上してくる。

事業本部・部門ごとの海外事業戦略では、迅速な意思決定が遅れがちになる経営リスクを避けるため、国際部門を新設して市場の変化に対応した海外戦略に取り組んだ。繊維では英国、チェコ、中国に新会社を設立するとともに、東南アジア子会社の増設に踏み切った。一九九〇（平成二）年から一九九七（平成九）年までの東レ本体のポリエステル繊維生産能力は微増にとどまったが、東南アジア子会社の生産能力は日産二一二・五トンから四六九・三トンへと二倍以上の規模となり、生産比率は国内五四％、海外四六％と肩を並べるほどに拡大した。

東レは経済成長の続く中国投資、製造拠点として競争力を高めた韓国投資でも同業他社に先行。繊維事業だけでなく、炭素繊維ではフランスにおける現地生産、フィルムでは米国やフランスで生産を開始した。

一九九〇年代の初めから生産基地として頭角を現してきた中国において、いち早く投資を決断。一九九四（平成六）年には、上海に近い江蘇省南通《なんつう》市で合成繊維の織布・染色を行う工場を設立。追ってポリエステルおよびナイロン繊維を製造する工場を建設し、原糸から染色までの一貫体制を構築している。

一九九〇年代後半からはアジア経済危機、ITバブルの崩壊後の景気低迷が東レの経営に深刻な打撃を与えた。二〇〇二（平成一四）年三月期の連結営業利益は一八八億円に落ち込み、東レ単体で初の営業赤字に転落したのである。海外売上高も伸び悩み、インドネシア、タイ、マレーシア、中国には統括会社を設置して赤字の事業や会社の黒字化、再編・整理も迫られた。世界に広がった生産拠点と市場の動向をにらみ、最適生産・設備集約化を進める「グローバル・リエンジニアリング」に取り組みながら、投資の優先順位を明確にして戦略的拡大を推進した。

しかし中国は、安価な労働コスト、多くのインセンティブを生かしてポリエステル繊維を中心とする汎用品を大量生産するようになり、二〇〇〇年代に入る頃には世界最大の繊維生産基地として圧倒的な存在感を示す。瞬く間に競争力を失った東レの中国繊維事業はそれから約二〇年にわたり厳しい事業運営を強いられることになるのである。そのような中国においては、南通東レグループで高付加価値品を生産することにより、経済発展に伴い高度化する中国内需を取り込む施策を実施。中国人営業マンが自ら商品を売り込む体制をとり目的意識を共有化することで、二〇一〇（平成二二）年以降は高収益をあげる事業へと変貌を遂げている。

中国は繊維産業のみならず、多くの産業で世界のものづくり拠点として存在感を高めた。東レはこれに対応して、プラスチック事業の現地生産を強化する。華南地区で、エンジニアリングプラスチックのコンパウンド生産を拡大するとともに、華東・華北地区の需要を取り込むために技術開発拠点を含めて新規投資に踏み切る。また、エンジニアリングプラスチックなど熱可塑性樹脂に炭素繊維をコンパウンド化することで強度を向上させる。「トレカ樹脂」の現地生産にも乗り出した。

フィルムでは光学用ポリエステル（ＰＥＴ）フィルムを中心に設備投資を行った。フラットパネルディスプレー市場の拡大に対応したものだ。生活様式の高度化や高齢化社会到来による紙おむつ需要の急成長を受けて、高機能なポリプロピレン長繊維不織布（ＰＰスパンボンド）の増産も進めた。このほか、より高度な医療ニーズの高まりに対応した人工腎臓の現地生産も決断するなど、ライフイノベーション事業の中国展開も動き出した。

東レのグローバル戦略の特徴に研究・技術開発部門と一体になった取り組みがある。中国では二〇〇二（平成一四）年に繊維の研究・技術開発拠点である東麗繊維研究所（中国）有限公司を南通に開設、二〇〇四（平成一六）年には高分子や樹脂、フィルム、炭素繊維、水処理膜などの技術開発を行うための分公司を上海に設置した。二〇一二（平成二四）年には、上海の分公司を独立させ東麗先端材料研究開発（中国）有限公司が発足、幅広い製品の技術開発体制を強化した。

M&Aを重視した韓国事業

東レの韓国における本格的事業展開の歴史は日韓国交正常化（一九六五年）よりも古く、一九六三（昭和三八）年に韓国ナイロン社（現コーロン社）にナイロン製造技術を供与したことに始まる。その後五〇年以上にわたり、韓国では持続的に投資と事業拡大に取り組んでいる。

サムスングループから分離したセハン社と合弁で「東レセハン」が設立されたのが一九九九（平成一一）年。ポリエステル長繊維、ＰＥＴフィルムなどの事業を引

TAKのPPスパンボンド製造の様子

き継いでいる。その後、東レセハン設立一〇周年を契機に全株式を取得して、社名も「東レ尖端素材（ＴＡＫ）」に変更、技術開発から生産、販売において連携関係を強化することで、東レグループの有力海外子会社の地位を築いている。

二〇一三（平成二五）年には同じくサムスングループから分離していたウンジンケミカル社も買収した。同社はＴＡＫの前身であるセハン社の時代から隣接した工場で用役を共有するなど密接な関係にあったことに加え、ウンジン社は繊維以外に水処理用フィルターなど成長性の大きい事業を抱えており、シナジー効果が見込めるためである。社名も「東レケミカルコリア（ＴＣＫ）」に変更。二〇一五（平成二七）年にはＴＡＫがＴＣＫ株式の公開買い付けを行い、より一体化した事業展開に取り組んでいる。

韓国ＴＡＫグループは東レグループの戦略事業であるＰＰスパンボンド事業のヘッドクォーターでもある。ＰＰスパンボンドは日本国内では生産していないが、世界的な紙おむつ需要の高まりに対応するため、韓国をはじめ、中国ではすでに四号機までが稼働しており、インドネシアでも二〇一六（平成二八）年九月には二号機目が稼働開始予定である。さらに、韓国では二〇一八（平成三〇）年九月稼働予定で五号機目の増設を決定、今後は、日本の繊維事業本部とも連携しながら、インドなどより一層の事業拡大を進めていく考えである。「スピード感のある事業運営に特徴あるＴＡＫの経営スタイルが、東レのみならずグループ会社に浸透したことが大きい」と、海外担当の村上洋専任理事・国際部門長（現国際部門顧問）はＴＡＫの役割を高く評価した。

グローバル成長戦略の基本思想

東レの海外売上高は一兆円を突破した。数量ベースの海外生産比率は、繊維六一％、樹脂七七％、フィルム七六％、炭素繊維六一％に高まっている。東レの海外子会社におけるローカル役員構成比率は、欧米で五〇％、アジアでも三〇％を占める。素材系企業では日本を代表するグローバル企業と言っても過言ではないだろう。

タイにおける現地生産から五〇年以上を経て、東レグループではグローバル成長戦略の基本思想を明確にしている。それは、「長期的視点で、その国・地域の産業振興、輸出拡大、技術水準の向上に寄与する」ことである。素材産業は工場にノウハウや技術が蓄積されるので、一度立地した工場は中長期的視点で運営し、それぞれの地域に「密着した経営」を発展させて現地社会への貢献を目指している。そして幅広いステークホルダーとの「信頼関係」を構築することである。

PMP 活動を行う米国フィルム工場

東レが現在取り組んでいる「攻めの経営」、ＰＭＰ（プロアクティブ・マネジメント・プログラム）活動では、予算目標である利益指標に対して、その進捗や日々の経営状況を社員全員で見える化、共有化し、問題があれば即座に解決するという、「ＰＤＣＡサイクルを高速に回す」ことがキーであるが、この取り組みも元はマレーシアや中国、米国といった海外子会社の現地経営陣やスタッフが自ら考え、実行していたことを全社展開したものである。長年にわたり東レ流の経営を進めてきた結果、東レの経営を理解した現地社員が経営幹部として育った結果と言えるだろう。東レにとって縁の深い滋賀県は近江商人発祥の地だが、〝売り手よし・買い手よし・

世間よし〟の「三方よし」の精神はグローバル時代にも色あせていないという。

アジア・アメリカ・新興国事業拡大（ＡＥ－Ⅱ）プロジェクトの推進

二〇一四（平成二六）年にスタートした新中期経営課題「プロジェクト ＡＰ－Ｇ ２０１６」では、〝革新と攻めの経営〟を打ち出し、成長戦略のたしかな実行に向けて八つの基本戦略を掲げている。このなかで、成長国・地域での事業拡大は重要な柱だけに、全社横断的に取り組む「アジア・アメリカ・新興国事業拡大（ＡＥ－Ⅱ）プロジェクト」を推進している。対象地域の二〇一三年度売上高は八〇九三億円、売上高構成比率四七％、二〇一四年度は九四四〇億円、同四七％と着実に増加しているが、最終年度の二〇一六年度には一兆一五〇〇億円、同五〇％程度を達成する計画で、二〇二〇年近傍には一兆八〇〇〇億円に挑戦する。

とりわけ積極的投資が目立つのが炭素繊維関連事業だ。二〇一四年一月には米国で炭素繊維を使用した炭素繊維樹脂含浸シート（プリプレグ）増強工事が、九月にはフランスで炭素繊維原糸（プリカーサ）新工場が相次ぎ完成、一二月にはイタリア・サーティ社から欧州における炭素繊維織物・プリプレグ事業を買収し、コンポジット・マテリアルズ（イタリア）社として東レグループに迎え入れた。

二〇一五（平成二七）年には米国子会社ゾルテック社がラージトウ炭素繊維設備の増強、ボーイング社向けの炭素繊維プリプレグ包括長期供給契約の正式締結に基づき、米国サウスカロライナ州に約五〇〇億円を投入する炭素繊維原糸から焼成、プリプレグまでの一貫生産設備の建設を発表している。引き続きボーイング社の増産計画に沿った炭素繊維関連投資を着実に実行する方針である。

アジア・新興国投資も拡大している。タイでは童夢グループから買収して傘下に収めた東レ・カーボンマジック（ＴＣＭ）によって、炭素繊維強化プラスチック（ＣＦＲＰ）部品の増強投資が完了。ＣＦＲＰコンポジットはドイツや米国でも展開し、川上の炭素繊維から川中の中間基材、川下のＣＦＲＰコンポジットに至るサプライチェーンの連携強化を推進、炭素繊維複合材料事業拡大に貢献する。

経済成長が続くインドでは、自動車関連資材を中心に攻勢をかける。二〇一四年にはエアバッグ基布の製造販売会社を現地資本との合弁で立ち上げ、原糸から基布までの一貫生産によって品質・コスト競争力を高めるとともに、グローバル展開の拠点に育てる考えだ。

メキシコでは一〇〇％子会社化したラージトウ炭素繊維製造のゾルテック社のメキシコ工場敷地内に、ナイロン、ＰＢＴ（ポリブチレンテレフタレート）樹脂コンパウンドの新会社を設立した。日系エンジニアリングプラスチックメーカーとしては最初の自社製造拠点で、自動車など需要家に迅速な製品供給や技術サービスが可能となり、世界八カ国・一一拠点間の製品融通や最適供給網の整備を図った。

東レはナノテクノロジーをベースとした高分子分離膜技術を生かして、海水淡水化技術として逆浸透（ＲＯ）膜を開発、世界市場の約三〇％のシェアを確保している。加えて、精密ろ過（ＭＦ）膜、ナノろ過（ＮＦ）膜、限外ろ過（ＵＦ）膜も供給することで多様なニーズに対応、世界の水処理膜大手三社の一角を占めている。

グローバル展開を推進する水処理分野でも投資を具体化し、二一世紀の世界的課題である水問題解決に取り組む。先進国では成熟産業に分類されている合成繊維への投資を継続していることも東レらしい経営戦略である。韓国子会社ＴＣＫではポリエステル低融点原綿（ＬＭ原綿）の増設を決定した。併せて衛生材料基材として着実な成長が見込める複合繊維の増産も急ぐ。

このほか、ブラジルでは現地法人を設立、トルコには駐在員事務所を設置してビジネスチャンスを模索している。経済低迷と政治情勢の不安定が懸念される地域だが、社会の変化を先取りしてビジネスにつなげる。今後の東レのアジア・アメリカ・新興国における設備投資、Ｍ＆Ａやアライアンス戦略から目が離せないだろう。

c h a p t e r 6

第6章

東レグループの人材戦略

「企業の盛衰は人が制し、人こそが企業の未来を拓く」。創業90年を迎えた東レが掲げ続けてきた言葉であり、「人を基本とする経営」が今日の発展の礎であると同社関係者は口を揃える。その背景にあるのは、人を育てて、鍛え上げてきた歴史である。東レがどのような人材育成を行ってきたのか、また人をどのように評価してきたのかを明らかにする。

産業ジャーナリスト
佐藤 眞次郎

人材を一貫して重視する経営

東レ九〇年の歴史で一貫しているのは「企業の盛衰は人が制し、人こそが企業の未来を拓く」（前田勝之助元社長が一九九六年東レ総合研修センター設立に寄せた銘文より）と表される「人を基本とする経営」を実践してきたことだ。創業翌年の一九二七（昭和二）年に三井物産から東洋レーヨン（現東レ）に転じた辛島淺彦初代滋賀工場長（後に会長）は、「工場を人間修養の場にする」、「企業はものをつくるばかりではなく人をつくらねばならない」、「人はバランスシートに載らない資産である」と語った。レーヨン繊維を生産する滋賀工場が完成した翌一九二八（昭和三）年には、中等教育程度の教育と心身の修練を目的に「私立青年訓練所」を開設したのを嚆矢《こうし》に、婦徳の涵養《かんよう》と昭和の女性に必要な智徳技能を教授する「私立晴嵐女学校」、技術者養成機関の「平田講習所」を矢継ぎ早に開校、開設した。

戦後も現場監督者、中間管理者、経営者への訓練を目的に企業内教育を相次ぎ立ち上げた。一九六〇（昭和三五）年には教育訓練の整備体系化と革新の時代の教育訓練制度のあり方を追求するために「中央教育委員会」を設置するとともに、「東洋レーヨン技術専門学校」、「教育センター」の開校、開設を行った。田代茂樹元会長は「最も肝要なことは、人材の養成で、これは短期間に果たし得るものでないだけに、長期計画の最も重要な仕事のひとつ」とこの年の新年あいさつで強調している。

その後の歴代トップも、「人材の確保と育成」を最重要経営課題のひとつに位置づけたのである。一九九一（平成三）年にスタートした東レ経営スクール（ＴＫＳ）は、幹部人材育成の重要性をより鮮明に打ち出した取り組みだろう。「新しい時代の東レおよびグループ各社の企業経営を担うトップ人材を計画的に育成する」ことを目的に、将来の経営者として活躍が期待できる優秀課長層を対象にした研修である。通常業務を遂行しながら六カ月間にわたり、毎月一週間の合宿（計五回）と共同研究報告を課すというハードな日程で経営者育成に取り組んできた。二〇一五（平成二七）年度までのＴＫＳ修了者は四八〇人に達し、このなかで一一五人が関係会社の社長に就任するなど、東レ

東レ総合研修センター

グループの経営をけん引している。第一期からの主任講師は「経営スクールの継続は他社がまねできない東レの異次元競争力」と評価する。

ハード面も見逃せない。人材育成に賭ける東レの本気度を示すものに、一九九六（平成八）年に開設した「東レ総合研修センター」がある。静岡県三島市に敷地面積二万七六〇〇平方メートル、延べ床面積三万三四〇〇平方メートル、五八二人収容の大講堂、研修棟、センター棟をはじめ、一八五の宿泊室を有する大規模施設に約一〇〇億円を投入したのである。開設から二〇年を経過したが、全社研修を年間約六〇〇回開催するとともに、東レおよびグループ会社の各種報告会や社外を含めた研修会の会場として年間延べ三万人以上に利用されている。

東レの求める人材と育成の取り組み

東レグループは、海外売上高比率が五〇％を突破し、グループ会社も含めた従業員数は海外子会社が六〇％を超え、素材系企業では日本を代表するグローバル企業と言っても過言ではない。基礎研究から工業化のための生産技術の確立は国内で実施し、事業戦略に応じ逐次海外各社に技術トランスファーするという原則のもと、繊維をはじめ各事業で次々と海外進出を進めるなか、人材育成においてもグローバル化のさらなる拡大を意識した取り組みが目立っている。

採用の基本方針は、国籍、学歴、性別、宗教などを問わず、グローバルレベルで活躍できる優秀な人材を厳選することである。「素材には社会を本質的に変える力がある。技術革新によって新たな先端材料を開発し、社会に貢献するという企業理念を共有できるか、という視点も採用基準に置いている」（吉田久仁彦元取締役人事勤労部門長、現東レ経営研究所社長）。具体的には「①ものづくりに対する好奇心、情熱、夢 ②グローバルに活躍したいという志 チャレンジ精神 ③その道に精通したプロフェッショナルになるという目標、気概」の三点を重視している。

この人材像は、日覺昭廣社長が東レ社員に求める「コアとなる専門性を有し、同時に広い周辺知識を有するT字型人材、現場をよく把握してあるべき姿を目指し、やるべきことを実行できる現場力のある人材」を育成することにつながる。

東レグループの人材育成は、①ＯＪＴ（オン・ザ・ジョブ・トレーニング）②Ｏｆｆ－ＪＴ（オフ・ザ・ジョブ・トレーニング）③自己啓発 ④人事制度・施策との連動、の四本柱で計画的、体系的に進めている。基本は職場での仕事を通じて日々行われる実務教育や指導によるＯＪＴだが、並行して東レ総合研修センターを中心に実施する全社的な集合研修（Ｏｆｆ－ＪＴ）や目標管理制度・ローテーション制度・アセスメント制度などの人事制度と連動して推進している。もちろん社員一人ひとりが自分自身の専門能力・スキルを高めたいという意欲を持って自己啓発に取り組むことが大事なため、国内外留学派遣や語学教室の開催、通信教育の奨励などの各種支援も行っている。

全社的な研修は「役員・理事研修会」「経営幹部研修」、先に紹介した「東レ経営スクール」などの「リーダー育成」から、「プロ人材育成」、新入社員を対象にした「社会人育成」まで目的別・階層別・分野別に、きめ細かく実施していることが特徴である。必要な人に、必要な内容を最高レベルで、適切な時期に提供する研修を目指している。

資格制度や賃金・評価制度などの人材育成の基盤となる処遇制度も経営環境の変化に対応してきめ細かに見直しを進めてきた。二〇一五（平成二七）年の改定では「人材育成コースごとに育成目標を明示して、グローバル人材やマザー工場人材の能力開発を促す仕組みを強めた」（吉田氏）ことが特徴である。

グローバル事業拡大を支える人材育成

日本能率協会は二〇一一（平成二三）年度から国内外の生産拠点で優れたものづ

くりを行っている事業所を表彰する「GOOD　FACTORY賞」を制定しているが、東レは中国、インドネシア、マレーシアの海外四社が受賞、同賞の最多受賞企業グループである。東レ本社と海外子会社の経営者、現場責任者が企業理念を共有しながらベクトルを合わせて生産活動に取り組んできた成果だろう。

東レグループ海外子会社の現地人材の役員登用比率は欧米で四〇％、アジアで三〇％を占める。海外事業展開の先行ランナーである東レは、海外子会社の人事制度でも先駆的取り組みを行ってきた。一九九〇年代後半には、人事制度の共通基盤づくりが必要と判断して専門組織を立ち上げ、まず海外各社の主要職務ポジションのランク付け（グローバル・ジョブ・バンド）を行い、このポジションにつく基幹人材をナショナル・コア・スタッフ（NCS）として東レ本社に人事情報を登録するとともに、本社と海外子会社が一体となって育成・登用に取り組む対象を明確化した。ジョブ・バンドごとに求める能力要件や行動規範（グローバル・コンピテンシー・モデル）を提示して育成の指標にするとともに、個人別育成計画や研修派遣計画を策定して国際間異動（グローバル・キャリア）を実施するなど、Off-JTとローテーションを連動させて育成に取り組んでいる。

海外各社基幹人材を対象にした研修は日本と現地でそれぞれ開催している。日本開催では、現地役員向けの「海外エグゼクティブセミナー（ＴＧＥＳ）」と「海外幹部研修（ＴＧＳＭＳ）」がある。ＴＧＳＭＳは欧米、アジアの現地部長層を対象に一九九六（平成八）年に開設した。毎年約二週間、東レの経営理念や経営課題、東レ式マネジメントやグローバルオペレーションの理解を深めるとともに、東レグループ経営幹部としての一体感の醸成を図るプログラムを受講する。また「東レ経営スクール」とのジョイントセッションでは、日本人受講生との混成チームで異文化理解・コミュニケーションに関する講義・演習や経営シミュレーション学習などに取り組み、グローバルリーダーとしてのマインドの醸成や人脈形成などを図っている。

中期経営課題〝プロジェクト ＡＰ－Ｇ ２０１６〟では、成長国・地域での事業拡大と新興国への新たな市場開拓を推進している。進出国・地域が益々多極化・多様化するなかで海外各社人材も含め東レグループすべての人材について「グローバルに活躍できる人材強化は？」「海外工場や支援する国内マザー工場を支える現場人材強化は？」などの課題に対応するために国・地域・文化・風土・会社の違いを超え、東レグループとして共通した考え方で人材戦略を進める「東レグローバルＨＲ（ヒューマンリソース）マネジメント（Ｇ－ＨＲＭ）基本方針」を二〇一一（平成二三）年に定め、現在まで各社レベルで具体的施策に落とし込んだ取り組みを継続的に推進している。

この基本方針に沿って新たな研修も具体化した。若手グローバルリーダーの育成を目的に「東レグローバル英語スクール（ＴＥＳ）」を二〇一二（平成二四）年度に開設した。ＴＥＳは単なる英会話スクールではなく、グローバル共通言語である英語力の実践的スキルの習得・強化と同時に、グローバルに通用するマインドやリーダーの養成スクールと位置づけた。受講生の人選は推薦・調整による選抜方式で行い、修了後は「人事異動と連動」を原則とし、海外関係会社への出向はもちろんのこと、海外担当などへ配置を進めている。

また、東レ本社のグローバル化と人材の多様化への対応を目指して、二〇一三（平成二五）年に「グローバルダイバーシティセミナー」を開設した。この研修では外国籍社員を中心とした受講生とその上司の管理職が一緒に参加することが特徴である。

三日間のワークショップ形式で実施し、徹底的な対話を重ねることでコミュニケーションスキルを向上させ、個人・職場ビジョンの作成を共同で取り組むプロセスを通じ、お互いのバックグランドを尊重して相互理解と信頼、情報共有を深め、活気ある職場づくりに一歩踏み出すのが狙いである。

多彩な人材でイノベーションを深化

東レは一九九八（平成一〇）年から外国人の正社員採用を開始するなど、国籍、学歴、性別、宗教を問わず、多彩な人材の採用・育成に力を注いできた。

外国籍社員の本社採用を開始してほぼ二〇年になり、課長職を含めて約五〇人が在籍している。外国籍社員は定着が難しいが、「グローバルダイバーシティセミナー」などを通じて定着率を高める取り組みを進めている。このほか、海外大学と連携して東レの知名度を高め、日本人や外国人学生を東レ・海外各社の多様なルートで採用している。

また、ダイバーシティの取り組みで世間の関心が高まっているのは、女性の活躍推進である。東レは一九五八（昭和三三）年に女性管理職を初登用し、二〇〇三（平成一五）年には子会社の社長にも登用した。また、育児介護休業法の施行より二〇年近く早い一九七四（昭和四九）年に育児休職制度を導入するなど先進的な取り組みを行ってきた。二〇〇四（平成一六）年には全社プロジェクトとして「女性が活躍できる企業文化の確立」に取り組み、二〇一〇（平成二二）年には労使共同の「ワークライフバランス労使委員会」を立ち上げ、それ以降、仕事と家庭の両立支援のための育児・介護関連諸制度の拡充、働き方の多様化に対応した環境整備、過重労働防止・長時間労働削減の取り組みなど、活躍推進の基盤となる取り組みを着実に進めている。

女性の活躍推進では「管理職比率などの数値目標先にありきで進めるのではなく、あるべき姿に向けてやるべき施策を着実に実行することが重要」（吉田氏）との考え方で実績を積み重ね、女性活躍に優れた上場企業を経産省と東京証券取引所が共同で選定する「なでしこ銘柄」に二〇一三（平成二五）年度から三年連続で選ばれた。働き方の見直しと意識改革、深夜業・休日出勤の原則禁止、時間外労働削減のための個別指導、短時間勤務制度の拡充、在宅勤務や裁量労働制の導入、育児支援を含めた選択型福利厚生制度（カフェテリアプラン）の導入など働き方の多様化・仕事と家庭の両立支援に

東レグループ女性管理・専門職研修で討議

対応した環境整備を着実に実行したことが評価されたものである。

また最近では、女性社員が自身のキャリアプランを描くための、「東レグループ女性管理・専門職研修」を行った。この研修は女性管理・専門職がプログラムを自ら企画立案し、実施している点が特徴である。

この研修会を実施したメンバーのリーダーであり、東レで最初の女性理事に就任した堀之内晴美氏は、「当初は女性のみが集まる研修に違和感があるとの声が、女性たち自身からも聞かれた」と振り返るが、「多様な経験や情報を共有するネットワークを構築することで〝個〟という人材の価値を高められる場になり、非常に実のある取り組みになった」と述べている。

女性社員の海外赴任では、直属上司が難しい判断を迫られるケースも多いようだ。優秀な女性部下がいても家庭を抱えていると「海外赴任」について簡単に切り出しにくいからである。「ある女性管理職にタイ子会社への赴任を打診したところ、日本には夫をひとり残し、子ども二人を連れて赴任することを決断した。タイでは家事はメイドを雇用して任せるというのが日本人赴任者の通例で、この女性管理職は家事から解放されたことで日本にいたときより子どもとの会話の時間が増えるなど副次的効果があったようだ」と吉田氏は事例を話す。東レでは女性社員の家庭事情には個々にしっかり向き合い配慮しながらも、大きく育ってもらうために必要なキャリア形成を確実に実践する人事政策をこれからも模索していく方針だ。

長年にわたり「人を基本とする経営」で、人を育てて、鍛えてきた東レ。人材育成の「原点思想」はぶれず、常に時代のニーズを先取りし、時代に適合しながら、変革し続けているのが東レの人材戦略だ。その人材がイノベーションを深化させ、東レの飛躍的な事業拡大を推進している。まさに「企業の盛衰は人が制し、人こそが企業の未来を拓く」経営を実践しているのである。

chapter 7

第7章

東レグループの経営分析

日本で唯一、ナイロン、ポリエステル、アクリルの3大合織事業を擁し、サプライチェーンをグローバルに広げ、日本最後の繊維メーカーとも呼ばれる東レグループ。国内のライバル各社が繊維事業を縮小するなか、東レは繊維事業を継続し、10年前と比較して売上高36%増、営業利益51%増、当期利益54%増と成長軌道をたどってみせている。なぜ、東レはナンバーワンの地位を手中にすることができたのだろうか?
東レグループの過去10年の財務諸表、経営数値をさまざまな角度から分析し、長所・短所を紐解いていく。

久野康成公認会計士事務所 所長
株式会社東京コンサルティングファーム 代表取締役会長
公認会計士　久野 康成

まえがき　数値から見る東レグループの経営状況

企業が生み出す利益には、企業の歴史や商品価値、市場の変化などによるさまざまな要因が背景にはあるが、経営活動の結果として数値で表れるのが財務諸表、いわゆる企業の成績表である。

ここで分析する財務諸表は、決算時における企業の財産状況を示す「貸借対照表」と、ビジネス活動の結果を示す「損益計算書」である。この財務諸表には、過去に積み上げてきた利益（＝結果）だけでなく、企業の問題から未来の展望まで、すべてが内包されているといっても過言ではない。実際に東レが公表している有価証券報告書を軸として、東レグループ（連結）の収益性や安全性、生産性、さらには成長性、将来性を分析していく。

■財務分析を行う際の三つのポイント

財務諸表を分析する際、第一の前提条件として「貸借対照表」（P135参照）および「損益計算書」（P137参照）の構造を理解しておく必要がある。貸借対照表の右側（貸方）は資金の調達源泉を示しており、負債及び純資産から構成される。一方、左側（借方）は、調達資金の保有形態を表しており、流動資産と固定資産及び繰延資産から構成される。

また、損益計算書は収益と費用をそれぞれ経営活動別に対応させて、売上総利益、営業利益、経常利益、当期純利益を算出する。

第二に「比較」という概念が重要となる。財務比較分析の目的は対象企業の経営状況を判断することだが、絶対的な数値を見ても、業績の良し悪しを判断することはできない。相対的に比較することで初めて、その数値を評価することができるのである。方法としては過去実績との比較、同業他社との比較、事業部（セグメント）ごとの比較、目標値との比較などがある。

第三に重要なのは「事業内容の理解」である。事業内容によって財務状態や利益構造は異なってくるケースも多くある。したがって、分析対象となる企業の事業内容を体系的に理解しておく必要があり、これを前提に財務分析することが必要だ。

まずは、二〇一六年三月期時点での東レの事業内容を、決算報告書に記載されている貸借対照表および損益計算書と見比べながら把握する。

■貸借対照表

東レの二〇一六年三月期の総資産額は二兆二七八三億円であり、負債額が一兆二五三四億円、純資産額が一兆二四九億円である。総資産内訳は、流動資産が一兆九五億円、固定資産が一兆二六八八億円となっている。

当期の東レの貸借対照表において、二〇一五年三月期と比べて大きな数値の変化がある勘定科目は、固定資産の「機械装置及び運搬具」（当期一兆八〇八七億円、前期一兆八七六三億円）が挙げられる。前期と比較して約六七六億円の売却除去及び廃棄を行っており、さらに投資有価証券なども減少しているため総資産額が小さくなっている。

また、それに伴い固定負債における長期借入が二〇〇億円増加している。一般的に負債額が増大するに伴って資金調達構造の安全性は低くなる（純粋に負債が増えるため）が、損益計算書上で算出された当期純利益が純資産の増加に寄与したため、資金調達構造面での安全性は前年とほぼ同じ水準を維持している。

短期安全性に関しては流動比率（流動資産÷流動負債＝一年以内に返済すべき資金に対して、流動資産をどれくらい保有しているか）が主な指標として用いられる。東

2016年3月期　貸借対照表（連結）　2016.5.25時点

資産の部	単位：百万円	負債の部	単位：百万円
現金及び預金	120,168	支払手形及び買掛金	213,143
受取手形及び売掛金	402,220	短期借入金	135,960
商品及び製品	229,199	1年内返済予定の長期借入金	48,497
仕掛品	75,992	未払法人税等	15,815
原材料及び貯蔵品	88,843	賞与引当金	19,816
繰延税金資産	24,113	役員賞与引当金	171
その他	70,815	その他	131,946
貸倒引当金	▲1,791	**流動負債合計**	571,348
流動資産合計	1,009,559	社債	140,010
建物及び構築物	584,763	長期借入金	370,339
減価償却累計額	▲333,844	繰延税金負債	34,632
建物及び構築物(純額)	250,919	役員退職慰労引当金	1,327
機械装置及び運搬具	1,808,732	退職給付に係る負債	104,803
減価償却累計額	▲1,427,981	その他	31,018
機械装置及び運搬具(純額)	380,751	**固定負債合計**	682,129
土地	76,942	負債の部合計	1,253,477
建設仮勘定	97,497	純資産の部	単位：百万円
その他	106,510	資本金	147,873
減価償却累計額	▲82,007	資本剰余金	119,180
その他(純額)	24,503	利益剰余金	614,334
有形固定資産合計	830,612	自己株式	▲21,163
のれん	54,299	**株主資本合計**	860,224
その他	32,860	その他有価証券評価差額金	61,272
無形固定資産合計	87,159	繰延ヘッジ損益	▲490
投資有価証券	256,020	為替換算調整勘定	29,270
長期貸付金	1,494	退職給付に係る調整累計額	▲4,708
繰延税金資産	12,633	新株予約権	1,181
退職給付に係る資産	32,737	少数株主持分	78,160
その他	51,601		
貸倒引当金	▲3,429		
投資その他の資産合計	351,056		
固定資産合計	1,268,827	純資産の部合計	1,024,909
資産の部合計	2,278,386	負債及び純資産の部合計	2,278,386

レの流動比率は一七六・七％であり、一般的な企業の基準値である一〇〇％を大きく上回っている。短期の支払い能力は高い水準にあり、安全性を評価できる。

■損益計算書

東レの二〇一六年三月期の収益は、売上高が二兆一〇四四億円で前期比四・六％増、営業外収益が一四八億円、特別利益が五九億円となっている。費用は、売上原価が一兆六六二五億円、販売費及び一般管理費は二八七三億円、営業外費用は一九一億円、特別損失は一八三億円となっており、親会社株主に帰属する当期純利益が九〇一億円で前期比二六・九％増となった。また、当期の営業利益率は約七・三％（前期六・一％）、経常利益率は約七・一％（同約六・四％）、当期純利益率は約四・三％（同三・五％）でそれぞれ増加しており、全社的な収益性の改善がみられた。

この収益性改善の要因として、東レの基幹事業であった繊維事業の成長と、炭素繊維複合材料事業での成長が挙げられる。繊維事業の売上高は八九二〇億円（前期比四・一％増）、炭素繊維事業の売上高は一八六二億円（同一七・五％増）と、東レの全事業のなかでも最も高い伸び率を示している。

2016年3月期　連結損益計算書　（単位：百万円）

売上高	2,104,430
売上原価	1,662,556
売上総利益	441,874
販売費及び一般管理費	287,394
営業利益	154,480
受取利息	1,528
受取配当金	3,514
持分法による投資利益	5,016
雑収入	4,831
営業外収益合計	14,889
支払利息	5,350
新規設備操業開始費用	1,165
休止設備関連費用	4,225
為替差損	2,357
雑損失	6,102
営業外費用合計	19,199
経常利益	150,170
有形固定資産売却益	982
投資有価証券売却益	4,456
関係会社株式売却益	130
その他	418
特別利益合計	5,986
有形固定資産処分損	6,080
減損損失	9,063
投資有価証券評価損	2,183
その他	1,022
特別損失合計	18,348
税金等調整前当期純利益	137,808
法人税、住民税及び事業税	31,435
法人税等調整額	9,191
法人税等合計	40,626
少数株主損益調整前当期純利益	97,182
少数株主利益	7,050
当期純利益	90,132

2011年 3月期	2012年 3月期	2013年 3月期	2014年 3月期	2015年 3月期	2016年 3月期
1,539,693	1,588,604	1,592,279	1,837,778	2,010,734	2,104,430
100,087	107,721	83,436	105,253	123,481	154,480
57,925	64,218	48,477	59,608	71,021	90,132
1,567,470	1,581,501	1,731,933	2,119,683	2,357,925	2,278,386
37.8%	39.7%	41.8%	40.5%	41.8%	41.5%
6.4%	6.8%	5.0%	5.5%	5.5%	6.7%
10.9%	10.5%	7.2%	7.5%	7.7%	9.3%
129,214	104,410	100,815	161,455	141,282	196,142
▲50,734	▲104,002	▲107,525	▲214,826	▲140,662	▲154,414
▲33,039	▲23,645	26,167	41,475	▲9,998	▲77,605
105,257	81,289	107,690	113,137	112,489	109,778
55,400	94,300	98,000	113,900	128,500	129,200
46,600	51,500	53,300	55,500	59,500	58,800
38,740	40,227	42,584	45,881	45,789	45,839

2011年 3月期	2012年 3月期	2013年 3月期	2014年 3月期	2015年 3月期	2016年 3月期
724,078	726,239	796,732	920,365	1,017,868	1,009,559
843,392	855,262	935,098	1,199,318	1,340,057	1,268,827
502,952	515,829	550,278	596,582	600,853	571,348
423,548	391,523	401,937	578,476	676,315	682,129
665,906	713,784	745,987	788,987	807,812	860,224
1,567,470	1,581,501	1,731,830	2,119,683	2,357,925	2,278,386

東レ（連結）の直近10年の主要な経営指標推移

（単位：百万円）	2007年 3月期	2008年 3月期	2009年 3月期	2010年 3月期
売上高	1,546,461	1,649,670	1,471,561	1,359,631
営業利益	102,423	103,429	36,006	40,107
当期純利益	58,577	48,069	▲16,326	▲14,158
総資産	1,674,447	1,698,226	1,523,603	1,556,796
自己資本比率	35.2%	34.9%	30.8%	30.3%
総資産利益率（ROA）	6.4%	6.1%	2.2%	2.6%
自己資本利益率（ROE）	10.4%	8.1%	▲3.1%	▲3.0%
営業活動によるCF	77,539	110,367	38,447	166,215
投資活動によるCF	▲124,115	▲164,151	▲113,373	▲121,723
財務活動によるCF	30,270	39,295	89,116	▲43,361
現金及び現金同等物の期末残高	72,102	56,507	62,158	64,327
設備投資額	120,400	148,300	913	54,200
研究開発費	42,300	45,800	49,900	46,200
連結従業員数（人）	36,553	38,565	37,924	37,936

※ CF はキャッシュフロー

10年間の主要な財務諸表数値

（単位：百万円）	2007年 3月期	2008年 3月期	2009年 3月期	2010年 3月期
流動資産合計	727,529	733,189	655,884	640,471
固定資産合計	946,918	965,037	867,719	916,325
流動負債合計	540,963	544,944	460,757	513,966
固定負債合計	483,814	511,123	550,236	524,614
株主資本合計	534,747	568,755	534,838	513,706
負債純資産合計	1,674,447	1,698,226	1,523,603	1,556,796

総売上高・セグメント別売上高・地域別売上高の推移

売上高の推移を見ることにより、事業が成長しているのか、製品・サービスの需要が増えているのかを分析する。セグメント分析とは、事業別や製品別、地域別というように、対象を特定して分析し、対象ごとの利益や収益性、成長性を分析するものである。ここでは、事業ごとに比較することで、各事業の成長性をみる。総売上高の一〇年間の推移を見てみると、二〇〇七年三月期は一兆五〇〇〇億円台であったのに対し、二〇一五年三月期から、二年連続二兆円を突破し、二〇一六年三月期においては前期比四・六％の増加となり右肩上がりであることがわかる。（P138、198参照）

■事業別

東レの代表的事業である繊維事業はレーヨンからナイロン、ポリエステルと商品のライフステージが衰退期に入る前に次々と新しい商品を開発し、売上を伸ばしてきている。また、現在は、樹脂、フィルム、電子情報材料、炭素繊維、水処理分離膜など幅広い事業を展開し、多角化経営に成功している。総売上高に対するセグメント別の割合では、繊維が四二％で一番多く、プラスチック・ケミカル二五％がそれに続き、情報通信材料・機器一二％、炭素繊維複合材料九％、環境・エンジニアリング九%、ライフサイエンス・その他三%となっている。近年は、炭素繊維複合材料の売上高が他事業と比べ増加しており、総売上高の増加に貢献している。

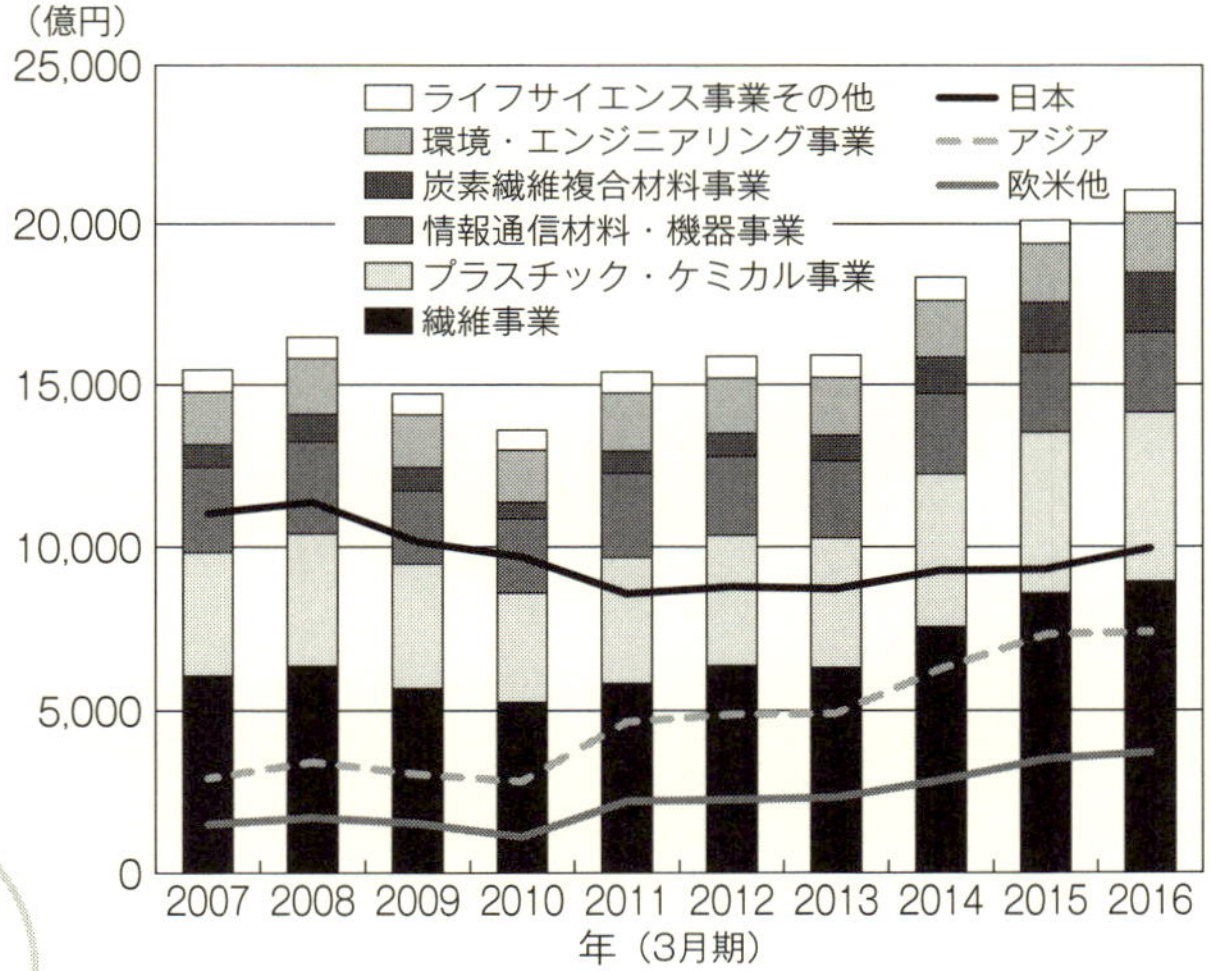

■地域別

近年の地域別セグメント損益を見ると、日本での売上高が二〇〇七年三月期には七一%であったが、二〇一六年三月期は四七%と二四%下がっている。一方で中国も含めたアジア諸国の売上高は一九%から三五%と一六%上昇した。また欧米他についても一〇%から一八%に上昇している。売上高は年々上昇していることから推定すると、売上の主な増加要因はアジアや欧米他地域の売上であることがわかる。

営業利益・営業利益率の推移

営業利益とは、企業の本業によって生み出された利益であり、売上高から製品の製造費用と販売費や管理費を差し引いた差額をいう。営業利益率とは売上高に対する営業利益の割合であり、営業利益率が高いほど収益性は高いといえる。

二〇〇九年三月期、二〇一〇年三月期の利益額・利益率の落ち込みが目立つが、これはリーマンショックによる世界・日本経済の景気悪化と需要縮小によるものである。東レは設備投資の圧縮や費用削減などの取り組みを行ったが、需要の大幅な減少により、営業利益を大きく減らすこととなった。しかし、二〇一一年三月期にはV字回復を果たしており、さらに二〇一六年三月期では営業利益額は一五四四億円と、過去最高の営業利益額を二年連続で更新した。これは、二〇一一年度から二〇一三年度に取り組んだ中期経営課題「プロジェクト AP-G 2013」、二〇一四年度にスタートし二〇一六年度に仕上げとなる「プロジェクト AP-G 2016」がいまのところ功を奏した結果といえよう。

東レの一〇年間の営業利益率を見てみると、外部要因が大きく影響した二〇〇九年三月期・二〇一〇年三月期を除き、おおむね六%台となっている。一定の利益率を保っているのは、「トータルコスト競争力強化（TC－Ⅲ）プロジェクト」により徹底的な比例費（変動費）の削減を行うとともに、P（Performance）値という概念を導入し、固定費の増加率を限界利益の増加率で割った値が1以下になるように管理することで無駄な固定費の増加を抑えるなど、コスト管理が徹底して行われているためと推測できる。

　製品をセグメント別で見ると、二〇一六年三月期は炭素繊維の需要拡大が、全体の営業利益の増加に貢献している。炭素繊維事業の営業利益額は三六一億円と全体の二割程度と決して大きくはないが、利益率は一九％であり、繊維の八％、情報通信材料・機器の一〇％に比べ、高収益事業となっている。

研究・技術開発費と売上高研究開発費率の推移

研究開発費は化学工業を含む製造業にとって生命線である。古い技術だけでは陳腐化が進み、製品やサービスの価値が下がるため、顧客のニーズに対応することができず、企業を存続させることが不可能となるためだ。それゆえに売上高研究開発費率［＝研究開発費÷売上高（％）］は経営者の判断が色濃く表れるのである。

東レは二〇〇七年三月期には四二三億円であった研究・技術開発費を、二〇一六年三月期には五八八億円まで増加させている。

東レはこの一〇年間、売上高の二・八％から三・四％を研究・技術開発費に設定している。繊維工業平均では一・五％である。やはり剰余金に余裕がなければ、これだけの金額を投資することはできない。常に一定の投資ができる、健全な財務体質であるからこそ株主も納得できるのであろう。（売上高キャッシュフロー比率 P150参照）

二〇一四年から三カ年の中期経営課題「プロジェクト AP-G 2016」では二〇一四年度以降、三年間で一八〇〇億円規模を投入する戦略で、二〇一七年三月期は、六五〇億円を予定している。炭素繊維の開発は莫大な開発費がかかるため、多くの企業が撤退した。そのなかで、東レは四〇年間にわたり研究・技術開発を継続した。長年の研究開発が実を結び、鉄に代わる新素材を生み出し、世界ナンバーワンの地位となったのである。さらなる開発強化により、今後の売上増加に反映されるかどうか、注目していきたい。（セグメント別売上高　P140、198参照）

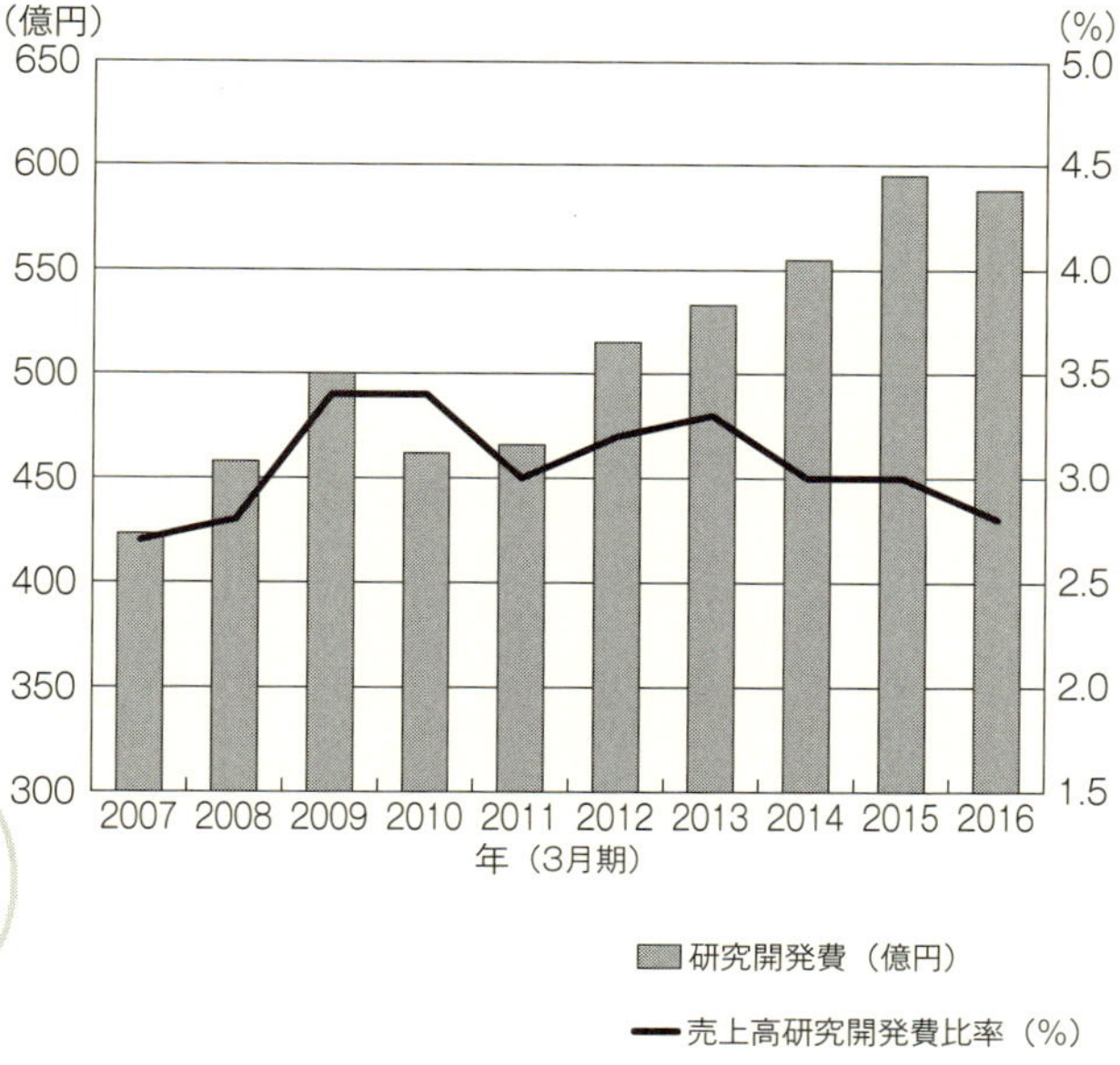

最も注目すべきは、売上高研究開発費率が下がっている点だ。研究・技術開発を効率的に行っているものと思われ、これは東レにとって研究・技術開発は効果的な投資であるということがいえる。

ＲＯＥ・ＲＯＡの推移

ＲＯＥ［自己資本利益率＝当期純利益÷自己資本（％）］とＲＯＡ［総資産営業利益率＝営業利益÷総資産（％）］は、企業の「収益力」を分析する指標であり、また、企業の「効率性」を判断する総合的な指標として利用される。ＲＯＥは株主から調達した資金でどれほどの利益を獲得したのかを表し、ＲＯＡはすべての調達資金を利用してどれほど利益が生み出せたかを示している。大企業のＲＯＡは一般的に一～二％が目安となる。

ＲＯＥは株主の持分である自己資本に対するリターンを表している。ＲＯＡは、資金として調達した株主資本と借入金など外部から調達した他人資本を運用して、どのような結果を出したのかを明らかにする企業の総合的な収益性の財務指標である。東レは二〇〇九年三月期、二〇一〇年三月期に純損失を計上しているため、当期純利益を分子にとるＲＯＥはマイナスの値となっている。一方で営業利益を分子にとるＲＯＡはプラスの値となっている。筆者の見解では企業の収益性を見る場合、ＲＯＡが好ましい。ＲＯＡはボラティリティ（変動性）によるバラツキの影響を受けにくいためである。図を見ると東レのＲＯＡは、ほとんどの期間が約五％～七％の間を推移しており、優良である。その辺りが東レのＲＯＡの標準値と考えられる。

純損失を計上した二〇一〇年三月期の営業利益でみるＲＯＡは二・六％であったが二〇一一年三月期は六・四％となり、三・八％上昇し、リーマンショックからの立ち直りをみせていることがわかる。この期間は売上高が一八〇〇億円増加し、本来の東レの姿を取り戻している。

また二〇一二年三月期のＲＯＡは六・八％、二〇一三年三月期は五・〇％とＲＯＡは二％弱減少している。これは、有利子負債が四五六億円増加したこと、営業利益の二四三億円減少が影響している。

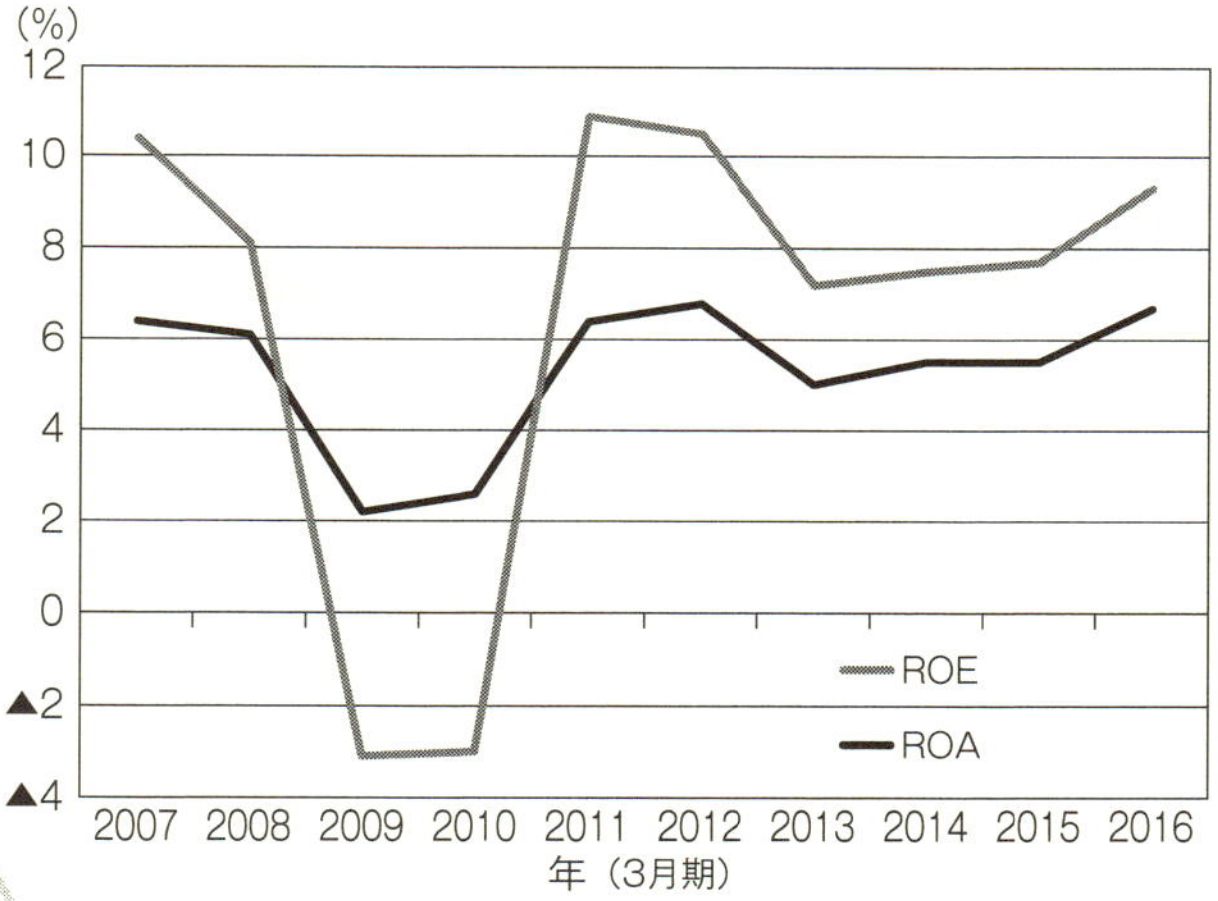

このように、ＲＯＡは貸借対照表、損益計算書の両方から影響を受けるため、「収益性」と「効率性」を判断する総合的な指標であり、東レのそれを浮き彫りにしている。

棚卸資産回転率の推移

棚卸資産回転率［＝売上高÷棚卸資産（年平均）］は、一年間に棚卸資産が何回入れ替わったのかを表す。適正な棚卸資産回転率は、業種、企業ごとに異なるが、棚卸資産回転率が低い場合は棚卸資産が過多である可能性があり、高い場合には需要に対して在庫が不足している可能性がある。在庫水準の良否や滞留在庫、不良在庫などを判断する分析指標となる。

二〇一六年三月期の棚卸資産（三九四〇億円）は二〇〇七年三月期と比べ九一一億円の増加となっている。二〇一〇年三月期より、棚卸資産が毎年増加しているが、それに伴い回転率が下降傾向になっており、在庫の増加により効率性が若干落ちていることがわかる。棚卸資産回転率が低い場合は、棚卸資産がキャッシュに換金されないため、企業の資金繰りが悪化していく。その点では棚卸資産が在庫としてとどまる期間は短いほうが望ましいといえる。製造業では、在庫保有期間が一カ月より長くなるため、一二回よりも少なくなる傾向がある。

二〇〇九年三月期に棚卸資産回転率が四・六回と最低となっているが、これは世界的な景気悪化の影響により需要が落ち込み、販売量が減少したためである。現在の在庫水準は適正化しているものとみられる。

売上高の変動に対して一定の棚卸資産回転率を保つことにより、適正在庫数を管理し、危機的な状況を脱しているといえよう。

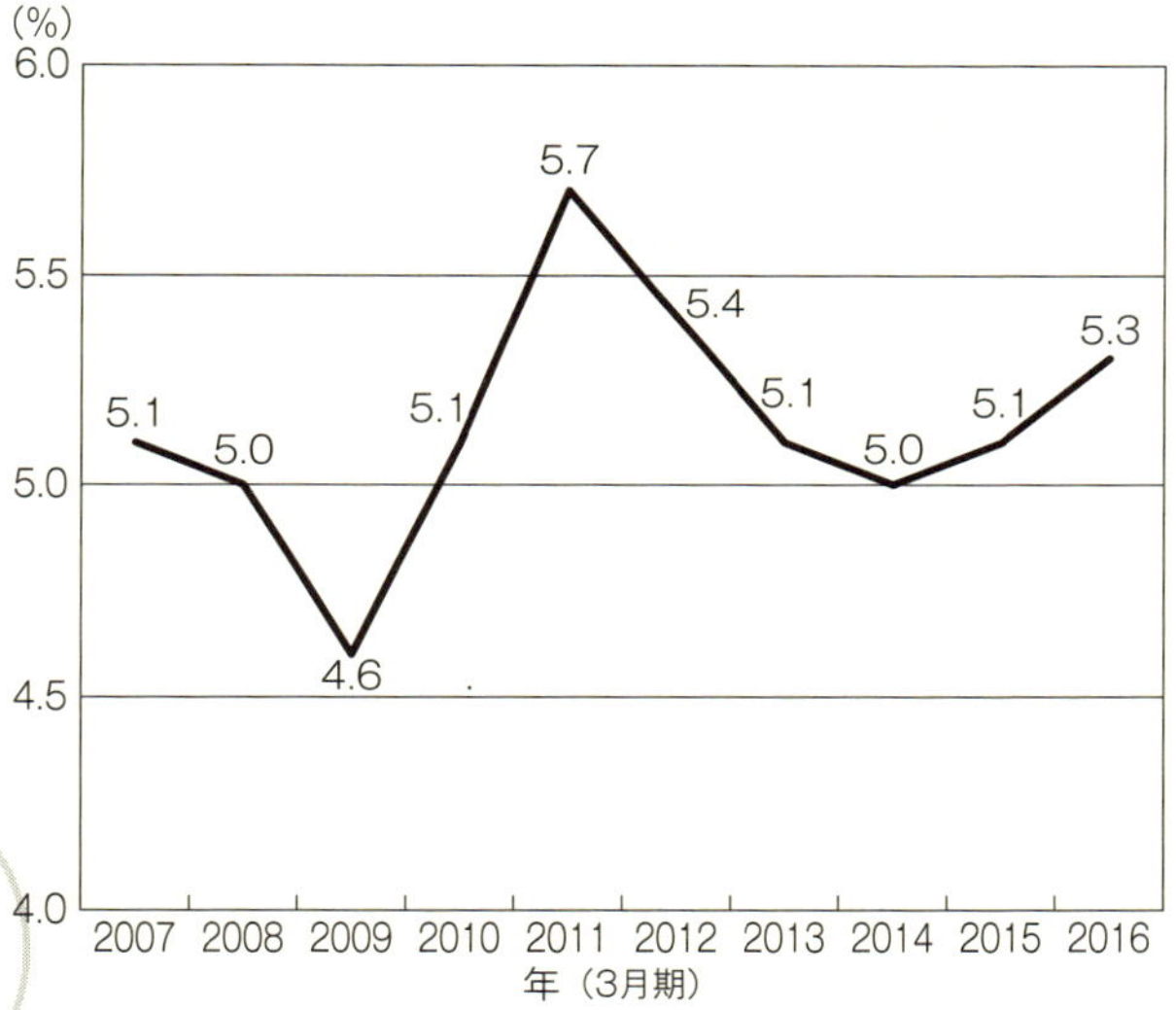

世界最高レベルの品質を維持し、生産技術の確立・改善を継続するためには、成長国・地域での事業拡大が必要となる。安定的な投資を持続するために、東レは在庫管理を徹底することによって運転資本の効率化に取り組んでおり、キャッシュフローの向上に努めていることがみてとれるのである（P138、150参照）。キャッシュフローは在庫を持つよりも、現金及び同等物を持つことが重要だからである。

売上高営業キャッシュフロー比率の推移

キャッシュフロー計算書（CF）はキャッシュ（現預金、預入期間が三カ月以内の定期預金、コマーシャル・ペーパーなど）の流れを示したもので、利益額ではなく、実際に残ったキャッシュの割合を見ることにより企業の収益性や財務の安全性を測る。売上高営業CF比率［営業CF÷売上高（％）］は、本業の営業活動により生み出されたキャッシュが売上高のうちどの程度回収されたかを示す。

二〇〇九年三月期に金融危機による不況の影響を受け、売上高営業キャッシュフロー比率は二・六％まで落ち込んだが、その後は安定して、六・三％～九・三％の間を推移している。本業の営業活動から資金を得るためには収益性や営業能力が高くなければならないが、東レの営業活動によるキャッシュフローは常にプラスになっており、高い経営能力と健全な財務体質が維持されている。これは、繊維工業の平均は四・九％といわれていることからもわかる。

製造業の要は本業で得たキャッシュを設備投資と研究開発費にいくら投入できるかにある。投資活動は、投入した資金と回収にかかる期間の両方が、経営を悪化させる要因にもなり得る。そのためキャッシュフローの分析と投資計画が非常に重要となってくる。

また、東レでは営業活動で生まれたキャッシュを投資に活用しており、積極的な投資活動を行っている。

投資活動によるキャッシュフローは（P138参照）二〇一四年三月期が例年の約二倍となっており、二〇一六年三月期も一五四四億円で積極的な投資を行っていることがうかがえる。

巨額の投資のために外部からの借入に依存する企業も多いなかで、東レは営業から生まれたキャッシュと依存しすぎない借入によって将来への投資を行っており、財務の安全性の高い、バランスの良い投資が行われているといえる。

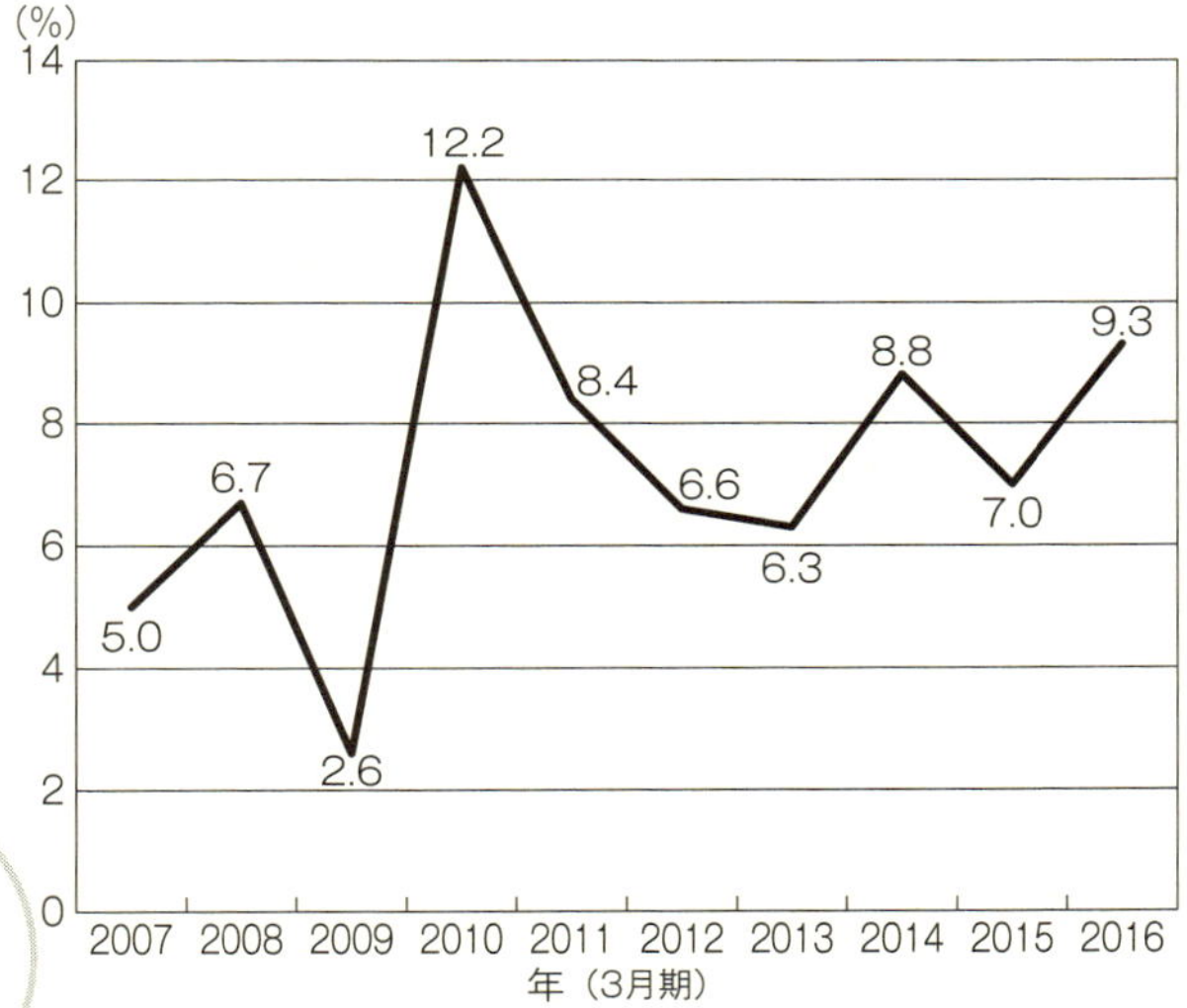

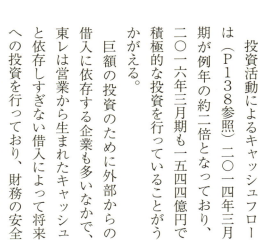

一株当たり配当額・配当性向の推移

配当性向［＝一株当たりの配当額÷一株当たりの当期純利益（％）］は、企業の得た利益額からどの程度が株主に還元されたかを示す。配当性向が高いことが株主にとって優良企業という訳ではなく、企業の業績、経営環境、財務体質、市場成長率など、総合的な見地から、適切な配当が行われているかを判断する必要がある。

東レの一株当たりの配当額の推移を見ると、二〇〇九年三月期、二〇一〇年三月期は純損失計上のため例年より減額して、それぞれ八円、五円の配当を実施しているが、翌々期の二〇一二年三月期には配当金額が一〇円に回復しており、二〇一六年三月期では一三円の配当額となり、過去最高の配当額となった。年間配当金額は増加傾向にある。

東レの配当性向推移を見ると、純損失となった二〇〇九年三月期と二〇一〇年三月期を除き、純利益のうち二〇％から三〇％を配当に充て、残りの純利益を再投資していることがわかる。ほかの東証一部企業の配当性向の平均が一九％とされるので、東レは平均と比べて配当性向は高いことがわかる。

東レでは、「すべてのステークホルダーにとって高い存在価値のある企業グループであり続けること」を目指しているが、高い存在価値とは、株主（＝ステークホルダー）に対して多く配当することだけではない。業績、財務状況、投資計画などを総合的に考慮した上で適切な配当を行い、株主還元と内部留保のバランスを取ることが重要となる。

設備投資や研究開発費が莫大な金額となる東レにとって、安定的な株価、資金の内部・外部調達は常に課題となる。配当後に残った純利益が効率よく運用されているかどうか、積極的な投資から着実にリターンを得られているかどうか、経営手腕に着目していく必要がある。

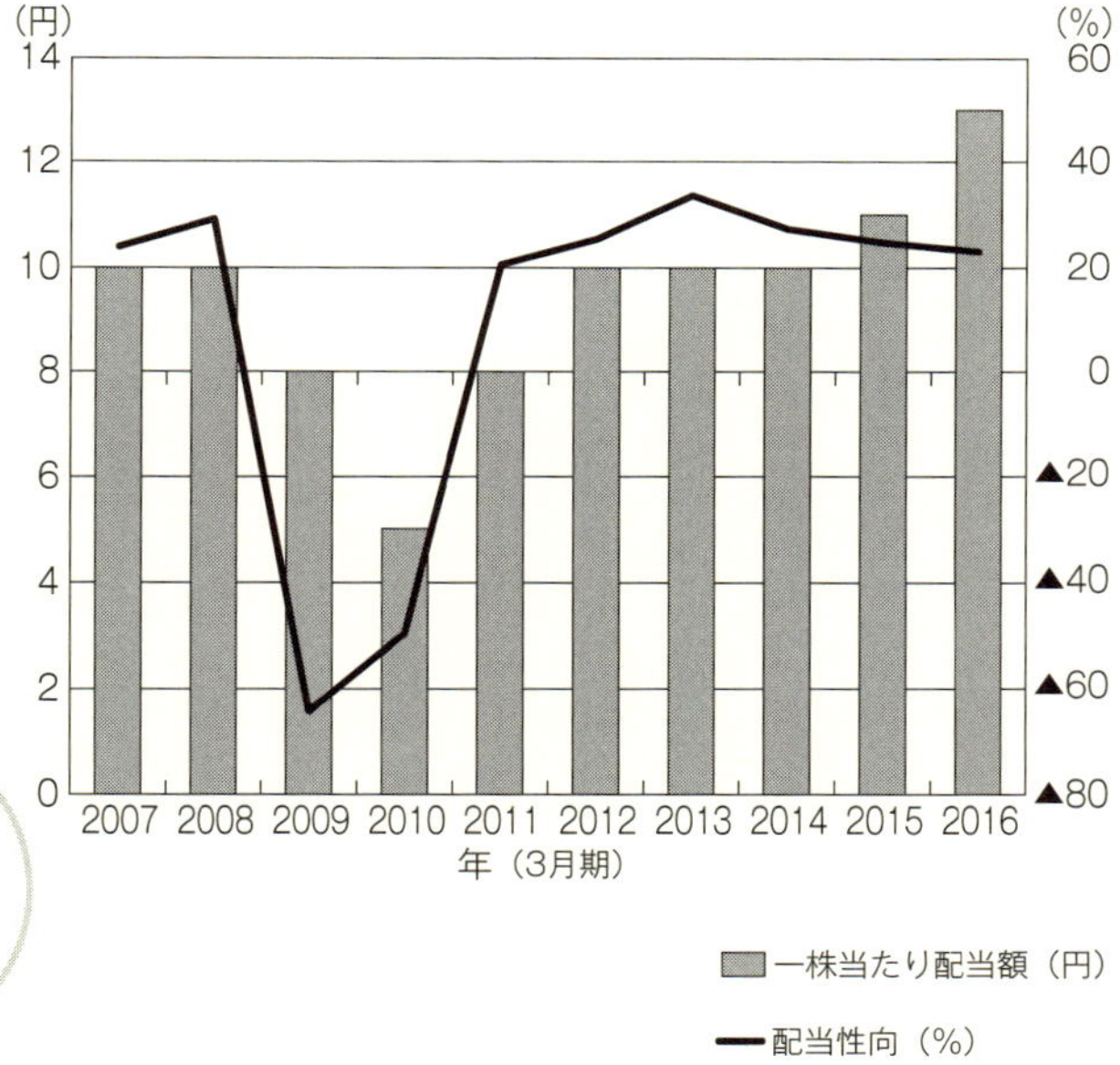

負債比率・固定比率・流動比率の推移

負債比率［＝他人資本÷自己資本（％）］、固定比率［＝固定資産÷自己資本（％）］、流動比率［＝流動資産÷流動負債（％）］で表される企業の安全性を判断するための財務指標である。負債を返済可能か否か（支払能力）は、収入・支出の大きさや、収入・支出のタイミングが重要となることから、これらの指標が利用される。

二〇一〇年三月期の二二〇％を超える負債比率（一〇〇％以下が望ましい）は、他人資本が自己資本よりも多い状態であったが、二〇一一年三月期以降はこの状態も改善され、財務の安全性が高まっているといえよう。これは株式発行や、二〇一〇年三月期より実施された中期経営課題「プロジェクト IT－Ⅱ」における「聖域なき改革」の実施による純利益の増加など、自己資本の増加が大きな要因となっている。雇用を守るという原則を堅持しつつそれ以外はあらゆる領域でのコスト削減・体質強化を実施、また徹底した「売り抜き」により収益を確保し、有利子負債の削減を行ってきた。

自己資本が増加すると固定比率（一〇〇％以下が望ましい）は下がるため、負債比率と同様の傾向となっている。長期的な資産（固定資産）は現金化しにくいため、固定資産への投資は短期的な借入や負債ではなく自己資本で賄うことが望ましい。二〇一〇年三月期の二〇〇％近い固定比率は資金がショートする恐れがあったが、二〇一六年三月期には一三四％と大幅に改善されている。

短期的に支払う流動負債（二〇〇％以上が望ましい）は、短期的に現金化可能な流動資産で賄えなければ資金繰りが悪化するため、流動比率は高ければ高いほど望ましい。東レの流動比率は二〇一六年三月期は一七六％であり、二〇一〇年三月期以降、東レの短期的な返済能力は高まっている。しかし流動資産には商品及び製品、仕掛品など在庫が含まれ、商品が計画どおりに販売できなければ現金化できなくなる。この点にも読者は着目すべきである。

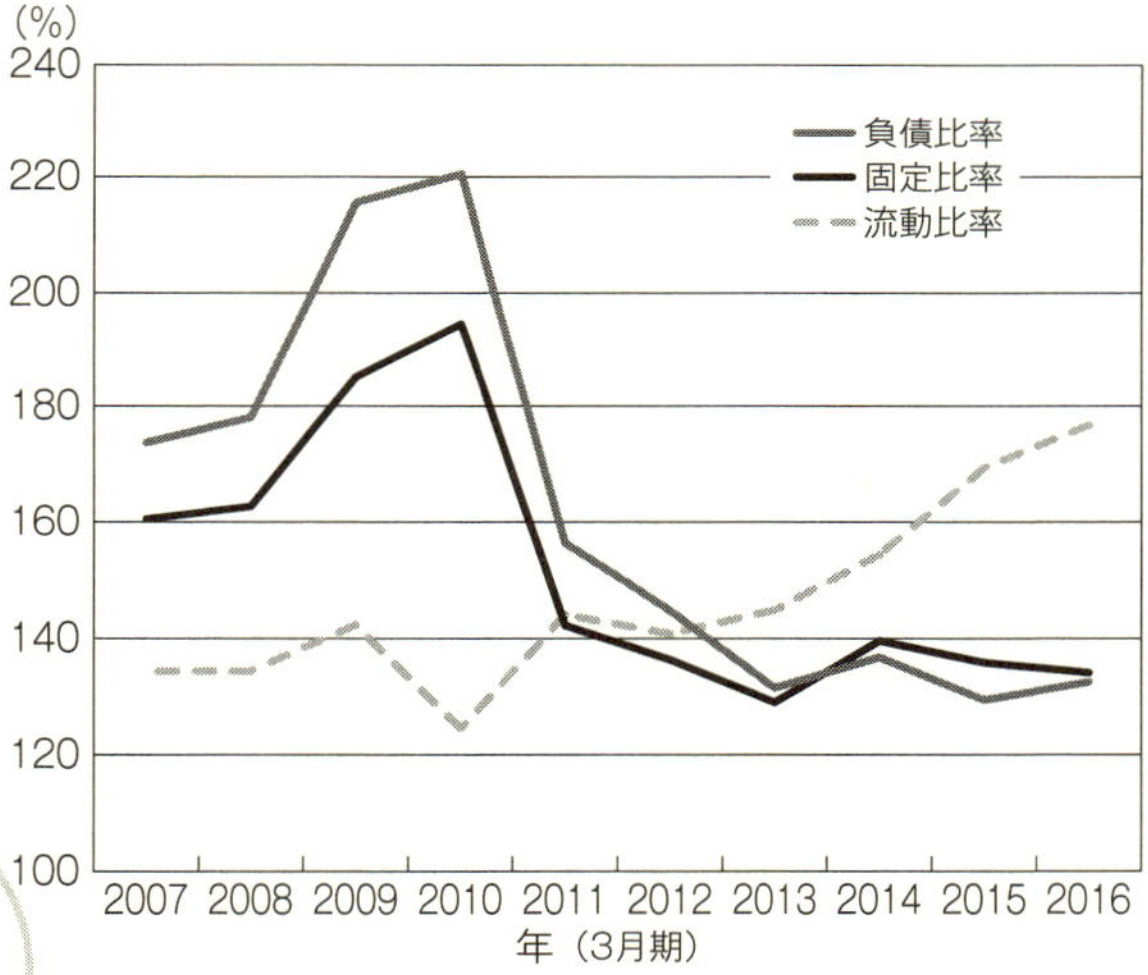

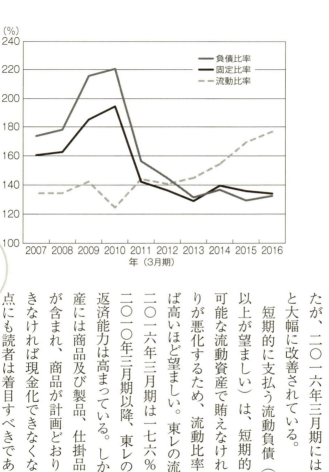

インタレストカバレッジレシオ・自己資本比率の推移

インタレストカバレッジレシオ［＝事業利益÷金融費用（倍）］とは、債務不履行の危険性の程度を測る指標である。有利子負債の利息を支払う余剰的な営業利益や金融収益があるか否かを分析することができる［事業利益＝営業利益＋受取利息＋受取配当金、金融費用＝支払利息＋社債利息］。自己資本比率［＝自己資本÷総資産（％）］は四〇％を超えると倒産しないとされる。

債権者が当該企業の安全性を測る場合、自己資本比率をひとつの指標にすることがあるが、これは一時点のストックを表したものに過ぎず、経常的な債務不履行の可能性を探ることができない。そこでインタレストカバレッジレシオのような、経常的な経営活動項目（主に損益計算書）で、安全性を分析する指標が利用されるのである。

インタレストカバレッジレシオは高いほど安全度が高く、東証上場企業の平均は四〇～五〇倍とされているが、一般には二〇倍以上ならば優良企業といえよう。そして一倍未満になると、その会社に対する債権は不良債権となる可能性が高まるのである。

二〇〇八年に発生した金融危機以降、東レのインタレストカバレッジレシオは年々改善してきている。二〇〇九年三月期に三・七倍にまで落ち込んだが、二〇一〇年三月期には一七倍まで回復した。

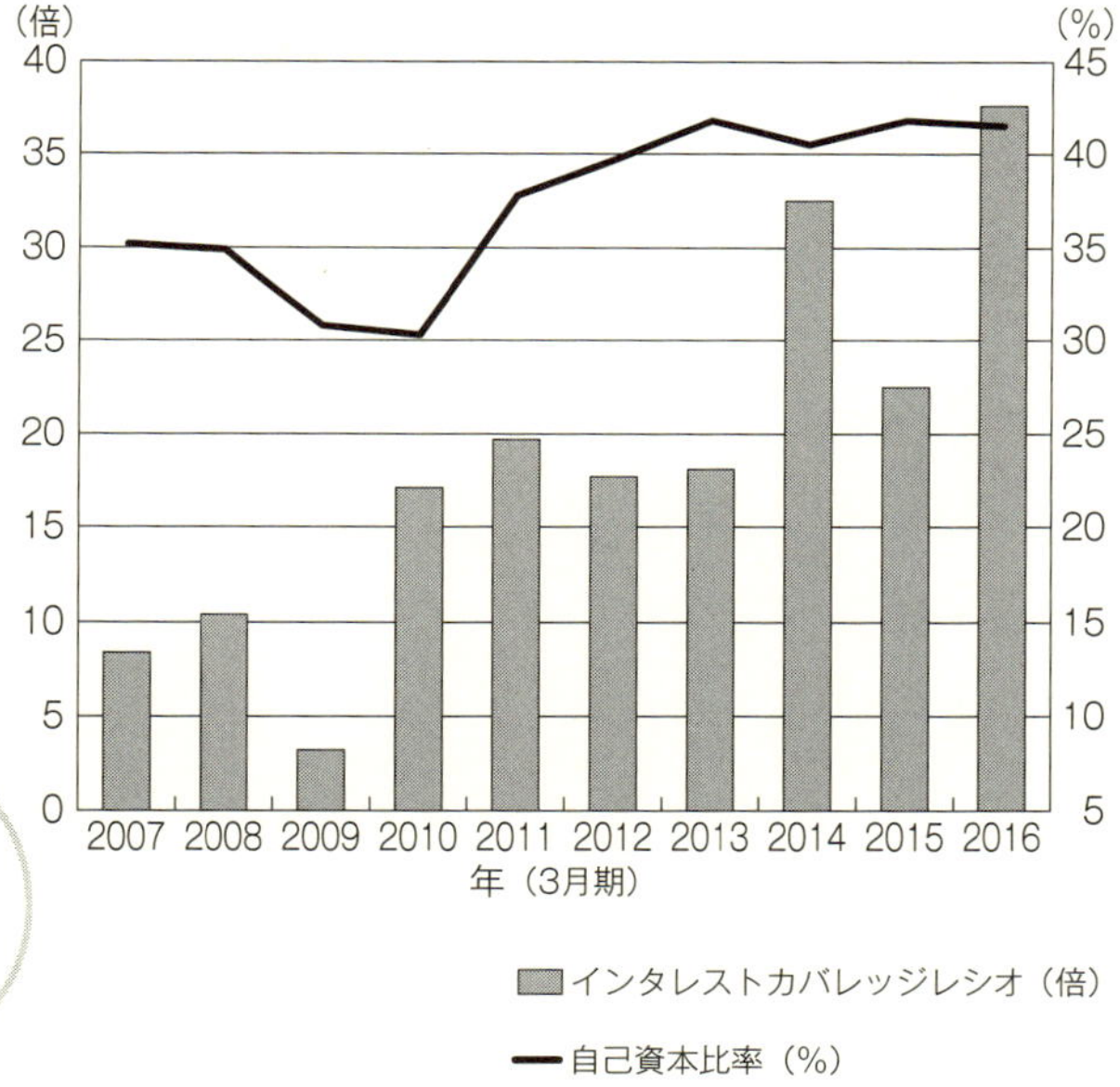

東レは、この一〇年間で最低の数値となった二〇〇九年三月期においても、一般的に安全と言われる数値でとどまっており、安定した財務体質であることがわかる。

一〇年間の自己資本比率の安定した推移と比べ、インタレストカバレッジレシオの変動は著しい。企業の安全性は複数の視点から分析することが重要であることを示しているのである。

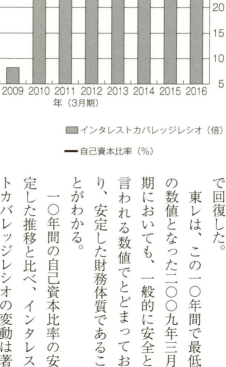

従業員数・労働装備率の推移

社員を雇用すれば、それだけ会社の営業範囲は拡がる。その反面、賃金、給与のほか、社会保険や経費など、多くの出費を伴う。つまり、雇用はリスクを伴った投資でもある。ここで、社員一人当たりの設備投資額である、労働装備率［＝有形固定資産（建設仮勘定を除く）÷従業員数（円）］を検証する。

従業員数は二〇〇七年三月期から二〇一六年三月期の一〇年間で三万六六五五三人から四万五八三九人と、九二八六人増加しており、平均すると一年で約千人の雇用増を続けている。製造業において、オートメーション化が進み、人手が不必要になっていくなかで、東レは経済の好循環実現に向けた「雇用を守る経営」を掲げており、好・不況にかかわらず雇用の安定に努め、毎期雇用を拡大させている。

従業員の増加については海外戦略とも関係している。二〇一六年三月期の東レ関連会社の従業員数は、国内連結子会社が一万五二二〇人であるのに対し、海外連結会社は二万八〇九六人と、国内を一万七五七六人上回っており、海外事業への配分が高まっていることがわかる。

労働装備率は企業の労働生産性を示し、数値が高いほどよい。製造業の平均は、二〇六万円である。資本集約型産業のため比較的に数値は高くなるが、東レの直近の数値は従業員一人当たり一五九九万円で、二〇一二年三月期以降、労働装備率

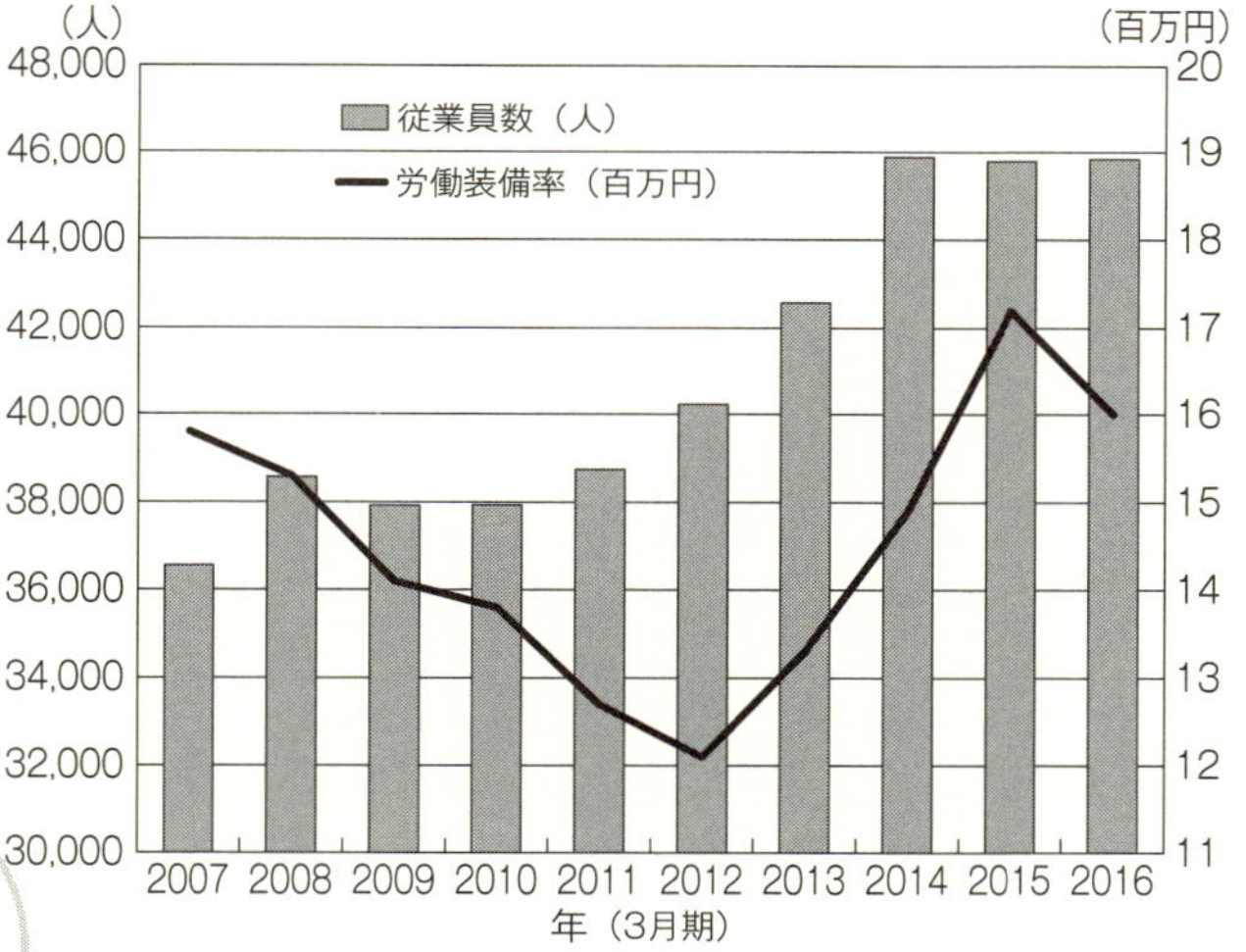

が高まっている。これは二〇一一年四月より始まった、中期経営課題「プロジェクト AP-G 2013」および二〇一四年四月からの「AP-G 2016」の事業拡大プロジェクトにより、機械設備を拡充しているためだと考えられる。

有価証券報告書のセグメント別の資産額を見ると、プラスチック・ケミカル事業と炭素繊維複合材料事業への設備投資に力を注いでいることがわかる。しかしこれに伴い、売上高も年々増加しているため、設備投資が功を奏していることがうかがえる。

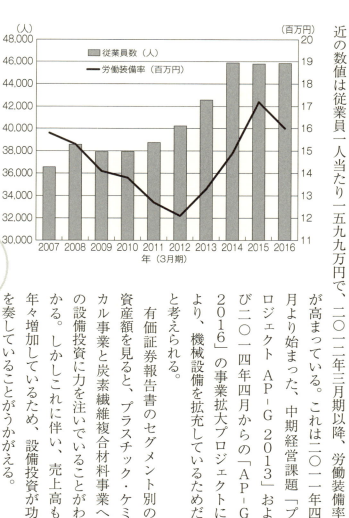

競合他社との経営比較

　ここでは東レと、その競合に当たる旭化成を比較することで、東レ全体の経営や財務の特徴をさらに細かく分析していく。

　競合に当たるとはいえ経営戦略によって財務体質も利益体質も異なる。また、戦略が変われば参入する事業も変わりその企業の特徴を示す。事業ドメインが異なるため単純な比較はできないが、まずは両社の事業ポートフォリオから見ていく。東レは繊維、プラスチック・ケミカル（以下、プラケミ）、情報通信材料・機器（以下、情報通信）、炭素繊維複合材料（以下、炭素繊維）、環境・エンジニアリング、ライフサイエンス・その他、の六事業を展開している。それに対して旭化成は繊維、ケミカル、住宅、建材、エレクトロニクス、医薬・医療・クリティカルケア（以下、医薬・医療）、その他の八つの事業を有している。

　両社が競合する事業ごとに分類すると、東レの繊維、プラケミと旭化成の繊維、ケミカル、東レの情報通信と旭化成のエレクトロニクス、東レの環境・エンジニアリングと旭化成の住宅、建材、東レのライフサイエンスと旭化成の医薬・医療の四つの領域となる。同じ事業・業界のなかでも戦略が違うため扱う商品やターゲットは異なり、両社の利益体質・財務体質に特徴が見られる。次からは以上の事業ポートフォリオの違いが全体にどのような違いを出すのかを分析していく。

両社の比較（2016 年 3 月期連結）　（単位：百万円）

	東レ	旭化成
売上高	2,104,430	1,940,914
営業利益	154,480	165,203
経常利益	150,170	161,370
当期純利益	90,132	91,754
営業利益率	7.3%	8.5%
経常利益率	7.1%	8.3%
総資産	2,278,386	2,211,729
流動資産	1,009,559	856,018
流動負債	571,348	725,662

まずは財務体質を見ていく。

二〇一六年三月期決算短信を見ると、両社ともに二兆円を超える総資産を有しており、負債の比率も東レ五五％、旭化成五二％と同レベルである。両社の最も大きな相違点は流動比率だ。まず東レは現金化しやすい流動資産が一年以内に期限を迎える流動負債の二倍近くあるのに対し、旭化成の流動比率は一一八％にとどまっている。これは東レが旭化成の流動負債合計額より低い金額になっており、安全な経営ができているということである。

また、もうひとつの大きな違いとして、旭化成が無形固定資産を東レの五倍以上保有していることが挙げられる。これは買収した企業の超過収益力を表す「のれん」を旭化成が東レの五倍以上保有しているからである。旭化成は二〇一三（平成二五）年三月期に企業買収を行っているが、それ以外にも過去に何度も子会社株式を譲渡したり譲受したりしている。ここから読み取れることは、旭化成は積極的に企業買収を行っているのに対し、東レは内部の改善・改革を通した経営をしているということである。

次に利益体質を見ていく。最新の二〇一六（平成二八）年三月期短信では、東レは売上高が前期比九〇〇億円増加し、当期純利益も二二〇億円の増益となっているのに対し、旭化成は前期比四五五億円の減収、当期純利益も前期比一三九億円の減益となっている。旭化成は退職金を積み増したり、協同販売契約の終了による損失など前年まで見られなかったものを特別損失として計上しているために、特別損失が前期比二倍となっている。このため営業利益が過去最高額に達し、利益率も過去一〇年で最高にもかかわらず当期純利益を落とすこととなった。それに対し東レは売上高を大幅に引き上げ、なおかつ長期化、顕在化する中国経済の減速やその影響のなかで二〇〇〇人近く雇用を増加させた二〇一三年三月期から営業利益率で毎年の改善を積み重ねている。

財務体質の分析では二〇一六年三月期短信のみを参考にしたが、利益体質は過去一〇年間にさかのぼり分析していく。この理由として、財務分析をする際に使用する貸借対照表は一定点の状態に焦点を当てているのに対し、利益体質を分析する際に利用する損益計算書は一定点から一定点の間のフローを記録したものだからである。つまり損益計算書とはプロセスの記録であり、貸借対照表はその結果を示すものである。利益体質を分析するにはどのようなプロセスで利益を出したかという行動を分析する必要があり、前述の戦略の違いを分析するには一定程度のフローを分析する必要があるからだ。

過去一〇年の損益計算書の変遷を見てみると、両社ともリーマンショックやそれに続くギリシャ問題、東日本大震災など大きな国際経済問題が発生したときには売上も利益も落としているが、その後必ず回復している。しかし、売上・利益の落ち方やその後の回復の仕方が異なる。両社で事業ドメインが違うので単純な比較はできないが、損益計算書から見る数字の変化から両者の違いを見ていく。紙幅の関係もありここでは最も数字の変化が大きかったリーマンショックの影響のあった二〇〇九（平成二一）年三月期、二〇一〇（平成二二）年三月期を見ていく。

リーマンショックのあったこの二期は、東レは当期純利益がマイナスの赤字であった。これは売上高が大きく落ち込んでいることが主な原因であるが、上期における資源価格の高騰や下期に起こったリーマンショックの影響による急激な円高によって、売上原価の減少幅が売上高の落ち込みに対して少なかったことも原因である。対して旭化成はどちらも黒字であった。これは売上高もすべての利益も前期比で落ち込んでいるが、旭化成が黒字を維持できたのは、経常利益が東レと比べて高いことが寄与している。利益率に換算すると東レは営業利益率、経常利益率それぞれ二・四%と一・四%であったのに対し、旭化成はそれぞれ二・三%と二・一%であった。

このことからわかるのは、旭化成は借り入れ利息や投資有価証券など営業外の収支をうまくコントロールし利益を上げているのに対し、東レは本業の儲けで利益を出そうとしていることである。東レは一般管理費や従業員数の上昇傾向から、多大な人件費をかけることで、売上高を伸ばす戦略を取っていることがわかる。人件費をかけられるのは前述のとおり潤沢なキャッシュを持ち安全な経営ができているからである。売上高を伸ばしているいま、どのように利益率を向上させるかに注目するとよいだろう。

あとがき　東レの経営分析の総括

さまざまな角度と数値から東レの経営分析をしてきたが、研究開発費比率やキャッシュフローの状況からわかるように、総じて、東レの歴史は技術開発の歴史といえよう。技術開発には莫大な時間と費用が必要だが、低収益事業を分離せず、時間をかけて収益化させていく経営方針は、炭素繊維（炭素繊維複合材料）を高収益事業へと成長させた。

各事業の売上割合や利益率の変化に注目してみると、東レは繊維、プラスチック・ケミカル、環境・エンジニアリングなど、幅広い事業展開によって多角化経営に成功してきたことがわかる。技術の陳腐化により商品のライフステージが衰退期に入って収益性が落ちる前に、次々と新商品を開発し、また、営業は用途別、研究・技術開発がそれに横串を通すマトリックス型組織により効率的な経営を行っている。創業以来培ってきた「高分子化学」「有機合成化学」「バイオテクノロジー」「ナノテクノロジー」のコア技術と、長期的視点に立脚した、新技術の開発のための積極的な投資が、東レの強さの秘訣である。

最高益を更新していくためには、新技術の開発だけではなく、大幅なコスト削減がなければ達成することができない。東レは成長分野・地域での事業拡大という成長戦略を進める一方で、徹底的なトータルコスト削減による体質強化に取り組んできた。成長戦略と体質強化は東レの成長拡大にとって両輪である。

海外拠点と海外の従業員の増加に数値が表れているように、国内生産を堅持し、国内では最先端の研究・技術開発を行い、革新的な生産プロセスまで開発した後、その製品が汎用化してきたら需要地立地の観点も含めて最適な海外生産拠点に生産プロセスごと移管して、効率的な供給体制を構築する。そしてそこで得た利益をまた最先端の研究・技術開発に投じるというサイクルを回すことで、持続的な成長拡大を続けている。

今後、新興国の成長をいかに取り込むか、そして刻一刻と変化する市場にいかに対応していく戦略を、東レが実行していくのかがポイントであろう。

この一〇年を振り返ると米国発の金融危機による世界・日本経済の景気悪化と需要縮小により経営が厳しい時期があったが、東レは設備投資の圧縮や費用削減などの取り組みを行い、危機を脱している。世界経済や市場の変化に素早く反応し、対応した結果であるといえよう。東レは二〇一七年三月期に営業利益一七〇〇億円を目標とし、二〇二〇年近傍には三〇〇〇億円を目指すとしている。この目標が達成されるためには、次に示す東レの経営課題についての対応が求められることになるだろう。

アジアや新興国の経済成長が著しいなか、素材産業は量と質の両面から高付加価値商品を求められることになる。東レの極細繊維や、ナノ積層フィルムなどのテクノロジーは世界的にもトップレベルであり、先端の産業分野に貢献しているが、新機能製品を安定的に供給し、継続して市場に出回らせるためには、巨大な事業規模を保ち、自社のリソース（技術、情報、人材、資産、資金）を余すことなく活用することである。

各事業分野でのグローバルな拡大に向けた投資は、相応のリスクも伴う。借入金残高は五〇六二億円と短期的に返済可能な額ではなく、既存事業の収益性の悪化や新事業が長期にわたって収益化しない場合には、財務的に厳しい状況に陥る可能性がある。事業がグローバル化、巨大化することにより世界情勢や為替の影響、グループ間取引など、複雑かつ多様なリスクが生まれるため、企業経営の根幹を揺るがすことのないよう、潜在的なリスクの発見・予防・対応ができる体制を整備・維持していく必要がある。

東レは地球環境問題や資源エネルギー問題の解決に貢献する事業「グリーンイノ

ベーション事業拡大」や医療の質向上、健康・長寿に貢献する「ライフイノベーション事業拡大」、当該地域で新たな市場開拓と事業拡大を推進する「アジア・アメリカ・新興国事業拡大」をグループ横断的なプロジェクトとして推進する計画を立てている。今後世界や日本、新興国で起こりうる課題や事業環境の変化は予測できない部分もある。これらの点に読者は着目し、東レの経営を見ていくのがよいと考える。

一方、さまざまな施策を通じて、東レは課題を解決し、改革によって経営体質を強化した実績がある。企業の持続的な成長のために、今後も東レの企業理念である「新しい価値の創造を通じて社会に貢献する」ことを具現化していくことによって、先に上げた目標も達成されていくだろう。

最後に東レという企業の特徴をまとめると、一心に研究・技術開発に取り組み、優れた製品をつくり続けることで利益を生み出すという、製造業の理想を体現している企業ということができる。

chapter 8

第8章

東レグループ企業紹介

東レグループは繊維、プラスチック・ケミカル、情報通信材料・機器、炭素繊維複合材料、環境・エンジニアリング、ライフサイエンスの６事業をグローバルに展開している。ここでは、繊維、プラスチック・ケミカル、炭素繊維複合材料、住宅・エンジニアリング、医薬・医療、情報・サービス、商事、地域関連事業に分けて、８分野を代表するグループ企業の特徴を詳しく紹介していく。

東レグループ全体像

本　社 …… 東レ株式会社

繊　維 …… 一村産業株式会社、東レ・デュポン株式会社（繊維、プラスチック・ケミカル）など

プラスチック・ケミカル …… 東レプラスチック精工株式会社、曽田香料株式会社、東レフィルム加工株式会社など

炭素繊維複合材料 …… 東レ・カーボンマジック株式会社など

住宅・エンジニアリング …… 東レエンジニアリング株式会社、東レ建設株式会社、水道機工株式会社など

医薬・医療 …… 東レ・メディカル株式会社など

情報・サービス …… 株式会社東レ経営研究所など

商　事 …… 東レインターナショナル株式会社、蝶理株式会社など

地域事業会社・主要海外関係会社 …… 滋賀殖産株式会社、Toray Plastics（America），Inc.など

※2016年9月30日現在

東レ株式会社（東レグループ）

設立	1926年1月
資本金	1478億7300万円
売上高	2兆1044億円（2016年3月期）
従業員数	7,223人（東レ単体、2016年3月末）　※従業員数はカッコ内の日付時点
代表者	日覺 昭廣（代表取締役社長）
本社所在地	東京：東京都中央区日本橋室町2-1-1 日本橋三井タワー 大阪：大阪市北区中之島3-3-3 中之島三井ビルディング
URL	http://www.toray.co.jp/
事業内容	①繊維（ナイロン・ポリエステル・アクリルなどの糸・綿・紡績糸および織編物、不織布、人工皮革、アパレル製品） ②プラスチック・ケミカル（ナイロン・ABS・PBT・PPSなどの樹脂および樹脂成形品、ポリオレフィンフォーム、ポリエステル・ポリプロピレン・PPSなどのフィルムおよびフィルム加工品、合成繊維・プラスチック原料、ゼオライト触媒、医・農薬原料などのファインケミカル、動物薬） ③情報通信材料・機器（情報通信関連フィルム・樹脂製品、電子回路・半導体関連材料、液晶用カラーフィルターおよび同関連材料、磁気記録材料、印写材料、情報通信関連機器） ④炭素繊維複合材料（炭素繊維・同複合材料および同成形品） ⑤環境・エンジニアリング（総合エンジニアリング、マンション、産業機械類、環境関連機器、水処理用機能膜および同機器、住宅・建築・土木材料） ⑥ライフサイエンス・その他（医薬品・医療機器ほか、分析・調査・研究などのサービス関連事業）

会社の特徴

グローバル連邦経営

東レグループは連結対象のグループ会社数254社（国内100社・海外154社）で構成される。グループ従業員数は45,839人（国内関係会社10,520人、海外関係会社28,096人）の日本を含む26カ国・地域で事業展開するグローバルな総合化学会社であり、国内繊維メーカーの雄である。

2020年のあるべき姿を描いた長期経営ビジョン「AP-Growth Toray 2020」では、東レを中核に、グループ各社が競争力のある地位を確立し、グループ各社間の有機的連携を強化する“グローバル連邦経営”で成長する企業集団を目指す。東レ本体と国内・海外関係会社間の人事ローテーションを推進し、グループ全体の人材最適配置を実行。連結売上高に占める海外比率は53％（2016年3月期）である。

一方、東レグループは、「わたしたちは新しい価値の創造を通じて社会に貢献します」という企業理念のもと、基礎素材産業として、地球環境への貢献をはじめ、人々の安心・安全や生活の質的向上に資する新技術・新製品のたゆまぬ開発と事業化を推進している。

また“Innovation by Chemistry”をコーポレート・スローガンとして、Chemistry（化学）を核に技術革新を追求し、「先端材料で世界のトップ企業を目指す」との高い志を堅持していく方針である。

一村産業株式会社

大阪本社

設立	1979年1月22日
資本金	10億円
売上高	180億4900万円（2016年3月期）
従業員数	118人（2016年7月末）
代表者	藤原 篤（代表取締役社長）
本社所在地	本店：石川県金沢市南町5-20 大阪本社：大阪市中央区瓦町2-5-7
URL	http://www.ima-ichimura.jp/
事業内容	①合成繊維の糸・織物・編物の自社生産・自主販売、仕入・加工販売、受託加工品生産販売 ②ポリスチレンフォームの成形加工販売（成形品・建材） ③包装関連資材などの仕入販売 ④スーパー繊維（炭素繊維・アラミド繊維織物など）の生産・成型化工販売
関係会社	（国内）丸一繊維株式会社、創和テキスタイル株式会社、優水化成工業株式会社 （海外）一村（上海）貿易有限公司

会社の特徴

日本屈指のテキスタイル・コンバーター

一村産業は、1894（明治27）年に石川県金沢の地で生糸羽二重商として創業し、1979（昭和54）年に東レグループの企業として生まれ変わり、織・編物の生産・販売を中心とした繊維事業と、発泡スチロールの成形品の生産・販売を中心とした化成品事業を展開している。

テキスタイル：消費者のニーズをいち早く吸い上げた商品企画力のもと、傘下工場で織物を生産加工し、日本国内をはじめ、北米・欧州・中近東・アジアなど世界各国のアパレルメーカーや商社などに販売している日本屈指のテキスタイル・コンバーターである。蓄積された自主生産・自主企画の技術とノウハウは、高品質・高感度・高機能でしかもリーズナブルプライス（適価良品）な商品群を実現している。

化成品：ポリスチレンフォームの成形事業は需要の高まりとともに成長し、現在の取扱量は業界ビッグ5に数え上げられている。ポリスチレンフォーム製品は耐衝撃性、断熱性、軽量性などの優れた特性を持ち、多様な産業分野で幅広く活躍中である。

生産から販売までの流通とリサイクルまでをトータルに行う生販一体の総合力で、今後も新製品、新用途の開発とエコロジカルな産業システムの構築を目指している。

先端材料：東レの先端素材と、一村産業が繊維・化成品で築いてきたものづくり基盤とコンバーター機能を一体化して、今後益々需要拡大が期待できる土木・建設・運輸用途で使用される炭素繊維、土木・建設の補強材、防護衣料などに幅広く使用されるアラミド繊維など、先端素材による世界トップレベルの複合材料づくりを展開していく。

東レ・デュポン株式会社

設立	1964年6月10日
資本金	32億円
売上高	258億円（2016年3月期）
代表者	森本 和雄（代表取締役社長）
本社所在地	東京都中央区日本橋本町1-1-1 METLIFE日本橋本町ビル9・10F
URL	http://www.td-net.co.jp/
事業内容	ポリエステル・エラストマー「ハイトレル」、ポリイミドフィルム「カプトン」、アラミド繊維「ケブラー」の製造販売

ケブラー工場

会社の特徴

東レ・デュポンは、先端材料で世界のトップ企業を目指す東レと世界屈指のサイエンス・カンパニーである米国デュポン社の折半出資による合弁会社として、1964年6月に設立された。以来、デュポン社の優れた基本技術と東レの応用技術・生産技術を融合させ、高機能素材を次々と開発するなかで、日米それぞれの文化や価値観の融合をベースに事業展開を重ねて独自の成長を続けている。「東レ・デュポンはお客様とともに高機能商品の創造を通じて社会に貢献します」を経営理念に、各素材について最高の品質とお客様へのサービスを提供するための不断の努力を続けている。現在、「ハイトレル」、「カプトン」、「ケブラー」の3つの素材を市場に提供している。時代や市場のニーズを先取りし、革新的で独創的な高付加価値製品を提供すべく、常に新しい高機能商品や新規用途の開発に注力していく方針である。

ポリエステル・エラストマー「ハイトレル」

「ハイトレル」は、米国デュポン社が開発した、熱可塑性ポリエステル・エラストマーである。ゴム弾性をもちつつ、エンジニアリングプラスチックの特徴である高機能性、良成形加工性も備える。

超耐熱・超耐寒性ポリイミドフィルム「カプトン」

「カプトン」の先進性と応用範囲の広さは、優れた数々の諸特性に裏付けられている。−269℃の極低温領域から+400℃の高温領域まで、広い温度範囲にわたって、優れた機械的・電気的・化学的特性を発揮するため先端産業に欠かせない素材として各方面からの評価は高い。

パラ系アラミド繊維「ケブラー」

アラミド繊維「ケブラー」は、1960年代に世界初のスーパー繊維として登場した。以来、素材の資質の高さはもとより、それを引き出す技術力によって常に最先端のポジションを確保し続けている。ケブラーはニーズに応じてさまざまな加工を施すことができ、広範囲な応用の可能性を秘めている。

東レプラスチック精工株式会社

設立	1961年8月11日
資本金	3億6000万円
売上高	126億円（2016年3月期）
従業員数	323人（2016年3月末）
代表者	猪原 伸之（代表取締役社長）
本社所在地	東京都中央区日本橋本石町4-6-7 日本橋日銀通りビル3F
URL	http://www.toplaseiko.com/
事業内容	プラスチックの射出成形製品・押出成形製品・コンパウンド製品の製造および販売、射出成形用金型の設計、製作および販売
関係会社	上海東波尓斯精密塑料有限公司、Toray Plastics Precision（Thailand）Co.,Ltd.

三島工場

会社の特徴

樹脂成形加工の第一人者を目指す

東レプラスチック精工は、東レグループの樹脂成形加工メーカーとして次の内容を通して、顧客の要望に対応する。

1. 原料、成形、2次加工事業の「縦の連携」と射出、押出、コンパウンド3事業、および新事業の「横の連携」による新ソリューションの提供
   (1) エンプラ原料メーカーの東レと連携して原料－成形－二次加工までの一貫体制による、高機能かつ高品質なプラスチック素材と射出製品の提供
   (2) 射出、押出、コンパウンド3事業、および新事業を持つ強みを生かした顧客への「新ソリューション」の提案
2. グローバル生産対応
   2002年設立の上海生産子会社（STPS）、2013年設立のタイ生産子会社（TPPT）および東レグループ加工メーカーの東麗塑料精密（中山）有限公司（TPPH/Z）との連携による中国・アセアンでの技術開発・生産対応
3. 精密金型の設計と製作
   川口金型工場において汎用からスーパーエンプラまでを網羅する精密金型の設計と製作を実施
4. 高耐熱・高強度樹脂製品による金属代替への対応
   PAI、PPS樹脂製品およびそれに独自材料をブレンドした弊社オリジナル新素材・新射出製品の提供
5. 高精度、高シール性などの高機能精密部品への対応
   ①高精度＆超耐熱＆低騒音ギヤ　②高真円度円筒形部品　③精密シール部品、など顧客のニーズに対応する射出成形部品の提供
6. ISO9001（品質規格）およびISO14001（環境規格）の認証を取得し実践中

今後とも『樹脂成形加工の第一人者』を目指す。

曽田香料株式会社

野田工場の精留プラント

設立	1972年9月19日（創業 1915年4月16日）
資本金	14億9000万円
売上高	160億9600万円（2016年3月期）
従業員数	463人（2016年3月末）
代表者	澤田 定秀（代表取締役社長）
本社所在地	東京都中央区日本橋堀留町2-2-1 住友不動産人形町ビル 8F
URL	http://www.soda.co.jp/
事業内容	各種香料・香料関連品の製造および販売 ①フレグランス 香水、オーデコロン、化粧品などのフレグランスおよび石鹸、洗剤、シャンプーなどのヘアケア製品に用いられる香料、室内芳香剤香料および関連商品の製造･販売 ②フレーバー 飲料、冷菓、菓子、即席麺用スープ、たばこなどに用いられるエッセンス、食品用油性香料、食品用乳化香料、食品用粉末香料、食品用抽出香料、シーズニングおよびその関連商品の製造･販売 ③合成香料・ケミカル 香料素材、工業用原料、医薬･農薬中間体、電子材料、都市ガス･LPG･工業用の着臭剤およびその関連商品の製造･販売
関係会社	（国内）岡山化学工業株式会社、株式会社ソダアクト （海外）台湾曽田香料股份有限公司、曽田香料（昆山）有限公司

会社の特徴

「香り」で豊かな未来の風景を描く

大正4年の創業以来、曽田香料は総合香料メーカーとして、『香料を中心とする各種製品の開発と生産を進め、これを顧客に販売することを通じて、社会に奉仕する』を基本理念に、100年以上にわたり、あらゆる香料の研究開発に取り組み、香り文化の一翼を担ってきた。香り文化の担い手として、原料のレベルから安全性と品質の確保はもとより、製造過程における周辺環境への配慮にも早い段階から取り組んできた。その理念は、品質管理（ISO9001）･環境管理（ISO14001）・食品安全管理（FSSC22000）に関する国際認証取得により裏付けられ、日々高品質かつ安全性に裏打ちされた製品を生産し、業界での確固たる地位を築いてきた。

「暮らしの夢をふくらませる」フレグランス事業、「美味しさの生命を吹き込む」フレーバー事業、「香料の可能性を切り拓く」ケミカル事業。私たちは、これらの3つの事業を柱に、目に見えない香りという絵の具を使って、未来の豊かな風景を描いていく。

東レフィルム加工株式会社

中津川工場

設立	1958年8月28日
資本金	7億3500万円
売上高	418億円（2016年3月期）
従業員数	794人（2016年3月末）
代表者	前田 宏治郎（代表取締役社長）
本社所在地	東京都中央区日本橋本石町3-3-16 日本橋室町ビル
URL	http://www.toray-taf.co.jp/
事業内容	①各種合成樹脂フィルム・シートの製造・加工・販売 ②各種フィルム加工（コーティング、蒸着など）製品の製造・販売
関係会社	（国内）東洋新虹株式会社 （海外）東麗薄膜加工（中山）有限公司

会社の特徴

東レグループのフィルム事業の中核会社設立の背景

高度化·多様化する市場ニーズを的確かつスピーディーにとらえ、よりマーケットに密着した総合ソリューションビジネスへ転換を図ることを目的として、2004年7月、機能コーティング·蒸着などの高度な加工技術をもつ東洋メタライジング株式会社と、無延伸ポリオレフィン系（PP、PE）フィルムを主力製品とする東レ合成フイルム株式会社を統合し、東レの包装用フィルム事業の営業機能を移管して設立された。ベースフィルムから先端フィルム加工製品までの一貫営業·技術開発体制を構築し、先端フィルム素材および高機能フィルム加工品を世界各地に供給している。

東レグループ内での役割

東レフィルム加工は、0.1mm以下という超薄のフィルム素材に、バリア性や密着性、接着性、易離型性、導電性、耐熱性、印字性など、さまざまな機能·価値を自在に付加する最先端の技術を有し、基幹事業である包装材料や、情報通信分野での高付加価値材料などの開発・提供を行っている。このように、製膜技術を駆使した「ベースフィルム」と多彩な加工技術を駆使した「先端フィルム加工製品」をトータルに提供し、東レグループのフィルム事業の中核会社として事業の拡大と発展に大きく貢献している。

関係会社の東洋新虹（本社：静岡県三島市）は、ポリエステルフィルム·ポリプロピレンフィルムの高機能化加工、コーティング、一色印刷、マイクロスリッティング、蒸着品の抜き·洗い加工など多彩なフィルム加工の受託加工を行う。東麗薄膜加工（中山）有限公司（中国）は、コンデンサー用蒸着フィルムの製造·販売を行っている。

東レ・カーボンマジック株式会社

設立	2013年4月1日（東レ100%出資）
資本金	4億8750万円
売上高	35億円（2016年3月期）
従業員数	138 人（2016年8月末）
代表者	奥 明栄（代表取締役社長）
本社所在地	滋賀県米原市三吉215-1
URL	http://www.carbonmagic.com/
事業内容	炭素繊維複合材料を使ったCFRP（炭素繊維強化プラスチック）製品の設計・解析を含む試作と製造
関係会社	Carbon Magic（Thailand）Co., Ltd.

本社

会社の特徴

F1・ルマンで培ったテクノロジー

F1やルマンカーをはじめとした現代のレーシングマシンは、CFRPをはじめとしたコンポジット（複合材）技術の集合体である。 極限の軽量化を追求し、研ぎ澄まされたマシンは、過酷なレースフィールドにおいて鍛え上げられ、一片の無駄もない合理的かつ機能的な美しさを持つ部品の集合体でもある。

東レ・カーボンマジック（TCM）は、長年のレーシングカー開発で培った軽量化設計技術とCFRP成形加工技術を駆使して、あらゆる部品や構造物のパフォーマンスを飛躍的に向上させる。精密・複雑な部品から大きな構造物まで、設計・解析から試作・量産まで、あらゆるニーズに対応が可能。以下が特徴である。

①工学的知見をフルに活用した複合技術
②すべてのプロセスを社内で展開可能
③カーボンコンポジット適用の妥当性シミュレーション（構造解析）
④短期開発
⑤製品実現に最も現実的なオートクレーブ成形法
⑥製品化の実現を追求
⑦金属や樹脂などさまざまな材料を適材適所に採用
⑧適切な積層構成を実現
⑨研究機関も活用
⑩品質管理・保証体制
⑪カーボンコンポジットならではの基準構築
⑫コスト効率に優れた量産が可能

なお、関連会社のCarbon Magic（Thailand）Co., Ltd.（タイ）は、カーボン・コンポジット製品の生産、および関連する生産技術の開発を行う。

東レエンジニアリング株式会社

設立	1960年8月10日
資本金	15億円
売上高	911億円（2016年3月期）
従業員数	連結2,175人、単体809人（2016年4月1日）
代表者	太田 進（代表取締役社長）
本社所在地	東京都中央区八重洲1-3-22 八重洲龍名館ビル
URL	http://www.toray-eng.co.jp
事業内容	エンジニアリング事業： ①プラントエンジニアリング ②フィルム関連製造装置 ③ファクトリーオートメーション ④二次電池製造装置および製造システム ⑤太陽電池製造装置および製造システム ⑥ソフトウエア エレクトロニクス事業： ①FPD・半導体関連接合・封止・加工装置 ②FPD関連塗布装置　③FPD・半導体関連検査装置 ④環境・プロセス関連検査・計測装置、デバイス
関係会社	（国内）関西ティーイーケイ株式会社、中部ティーイーケイ株式会社、関東ティーイーケイ株式会社、東レエンジニアリング電子機器サービス株式会社、レイテック株式会社、TMTマシナリー株式会社、北九州TEK&FP合同会社、HKK&TEK合同会社 （海外）韓国TEK株式会社、上海華麗工程技術有限公司、ROSEK（Malaysia）Sdn. Bhd.

本社

会社の特徴

新しいものづくりを実現する

東レエンジニアリング（TEK）は、東レグループにおいて「素材をつくる設備」、そして「素材を形にする設備」を提供することで新しいものづくりを実現する。

1960年に東レの工場建設・生産設備の保全を担う会社としてスタートしたTEKは、現在では国内外11社の関係会社、2,000人以上のグループ従業員を有する、東レグループにおけるエンジニアリングの中核を担う企業に成長した。そしてTEKは自社の技術・製品・サービスを、東レグループの各社のみならず、国内外の東レグループ以外の多くの顧客へ提供している。エンジニアリング会社として、重合・ファインケミカル・医薬品の製造設備・プラントのほか、フィルム製造加工設備、生産合理化関連設備システムの実績にとどまらず、半導体や液晶パネル関連の製造設備・検査設備・シミュレーションソフトウエアなど特色ある製品開発で実績を上げている。

東レ建設株式会社

設立	1982年11月12日
資本金	15億300万円
売上高	530億円（2016年3月期）
従業員数	344人（2016年3月末）
代表者	冨山 元行（代表取締役社長）
本社所在地	大阪市北区中之島3-3-3 中之島三井ビルディング19F
URL	http://www.toray-tcc.co.jp/
事業内容	①建築・土木工事の企画、設計、施工、監理 ②マンション・住宅の建設、分譲 ③不動産の売買、賃貸、仲介、リフォーム ④不動産・建設全般のコンサルティング業務
関係会社	東レハウジング販売株式会社、東洋コミュニティサービス株式会社

マンション「シャリエ茨木」

会社の特徴

環境配慮・防災対応型マンションを展開

東レ建設は、「わたしたちは新しい価値の創造を通じて社会に貢献します」という東レグループの企業理念のもと、地球環境への貢献をはじめ、安心・安全・快適に暮らしていただける住まいや高品質な商品・サービスを提供できるよう、人と環境に優しい調和のとれた空間づくりを目指している。

日本経済は、情報化・サービス化・先端技術化・国際化など、益々進展しており、さらに家族・生活環境の変化とともに、社会、オフィス、家庭のあらゆる建設ニーズは益々多様化、高度化している。東レ建設はそうした時代の動きや市場ニーズに迅速かつ的確に応えるよう、これからも東レグループの総合力と技術力、多彩な先端システムを導入していく考えである。

建設事業

快適な暮らしを提供するマンション・寮をはじめ、オフィスビルや医療施設、各種社会文化・公共施設など幅広い分野にわたり、先進の技術と確実な施工力で信頼と実績を得ている。また、東レの先端材料を活用した耐震補強システムなど東レグループの技術を生かし、品質を高めていくことでさらなる事業の拡大を目指す。

不動産事業

地球環境に配慮したマンションブランド「シャリエ」を中心に、安全・安心・快適な住まいを提供し、お客様に感動をお届けする。より一層多様化するお客様のライフスタイルに対応したうえで、さらなる「環境配慮型」「防災対応型」のマンション開発に取り組み、スマートマンション事業も積極的に展開していく。

水道機工株式会社

設立	1936年1月15日
資本金	19億4700万円
売上高	153億9700万円（2016年3月期連結）
従業員数	381人（2016年3月末、連結）
代表者	角川 政信（代表取締役社長）
本社所在地	東京都世田谷区桜丘5-48-16
URL	http://www.suiki.co.jp/
事業内容	①上下水道施設および環境保全・衛生施設の設計・施工・監理　②水処理用機器類および計量器類の設計・製造・据付ならびに販売　③各種設備装置の運転・保守・管理業務　④工業・化学薬品の製造・販売　⑤水質の検査分析　⑥労働者派遣事業
関係会社	（国内）株式会社水機テクノス　（海外）SUIDO KIKO MIDDLE EAST（SKME）、SUIDO KIKO VIETNAM（SKVN）

会社の特徴

水処理の総合エンジニアリング企業

1936年の設立から80有余年、水道機工は、「生活環境の充実、整備に貢献することを社会的使命とする」という経営理念を掲げ、日本における水道の歴史とともに歩んでいる。水道から始まった同社の事業は、現在、汚水処理、産業用水・廃水処理、それら施設の運転・維持管理など、水に関するあらゆる領域に及ぶ。また、豊富な実績と経験に培われた技術は、日本のみならず、海外の多くの地域で、人々の生活環境の向上に寄与している。

水処理総合エンジニアリング企業として、21世紀の重要なテーマである持続可能な循環型社会構築のために、水資源の有効活用やリサイクルなどを通じて、人と水のよりよい関係づくりを目指す。

上水事業：凝集・沈澱・ろ過といった基本技術から、生物処理・活性炭処理・オゾン処理・膜処理などの高度処理まで、浄水処理のあらゆる面において、独自の技術と豊富な経験を有している。

汚水処理事業：閉鎖性水域の水質改善に寄与するとともに、循環型社会の構築に向けて、処理水の再利用、さらには汚泥からの資源回収などを推進する活動にも独自の技術で対応する。

産業用水・廃水処理事業：用途・目的に合った水質の確保、環境に配慮した廃水処理、コスト削減、施設の省スペース化など、産業分野のニーズの実現と競争力強化に貢献している。

O&M（運転・維持管理）事業：上下水道施設をはじめ、汚泥再生センターや埋立処分場のゴミ浸出水処理施設まで、施設ごとに最適な運転・維持管理を実施する。

海外事業：40カ国、130を超える海外プロジェクトで、水処理設備・機器を納入。世界中の人々の生活環境の向上に寄与している。

東レ・メディカル株式会社

設立	1980年1月12日
資本金	13億3300万円
売上高	400億円（2016年3月期）
従業員数	525人（2016年3月末）
代表者	田辺 信幸（代表取締役社長）
本社所在地	東京都中央区日本橋本町2-4-1 日本橋本町東急ビル4・5F
URL	http://www.toray-medical.com/
事業領域	①医療機器の製造、販売および輸出入 ②医療関連製品の販売、輸出入 ③医薬品の販売 ④医療機器の保守管理、修理および据付け工事
関係会社	（国内）TMC沖縄販売株式会社　（海外）東麗医療科技（青島）股份有限公司

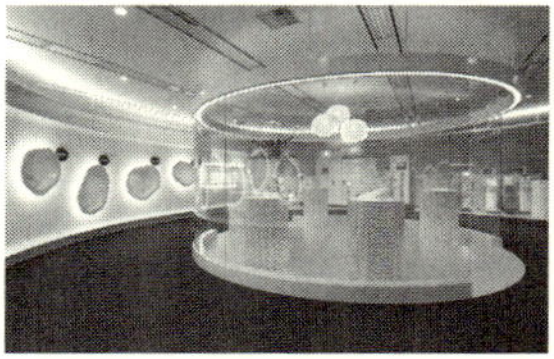

東レ・メディカルの本社ショールーム

会社の特徴

東レ・ライフサイエンス事業の中核会社

創業以来「良質で高度な医療の実現」を原点に、高品質の人工臓器をはじめとする医療機器、医薬品などの提供を通じて、社会に貢献することを目指している。

1980年に人工腎臓「フィルトライザー」などの医療機器を扱う社員約40人の販売会社としてスタートし、その後、手術用手袋、カテーテルなどの医療機器、医薬品「フエロン」、救急・集中治療用血液浄化器「トレミキシン」と業容を拡大している。現在では約500人の社員が、国内外での営業活動、医療関連製品の開発、海外製品の導入・販売、学術・情報支援活動を行う。今後も、「良質で高度な医療の実現」のため、東レグループとの強い連携のもと、グローバル事業の拡大、新商品の開発・導入・販売を推進していく方針だ。

東レ・メディカルの事業領域

透析

安心・安全で効果的な透析医療の実現へ、高品質な透析関連製品によるサポートを行う。

救急集中

独自の急性血液浄化技術で、救急・集中治療をバックアップする。

医療用具（ホスピタルプロダクツ）（IVR）

手術用手袋から治療用カテーテルまで、さまざまな領域の先端医療に貢献する。

医薬品

東レの高度なバイオ技術および独自の研究に基づいて開発された医療用医薬品を提供する。

海外

グローバルに、地域特性に合わせた製品を提供し、サービスを通じて医療現場をリードする。

株式会社東レ経営研究所

設立	1986年6月25日
資本金	3億円
売上高	5億円（2016年3月期）
従業員数	26人（2016年6月末）
代表者	吉田 久仁彦（代表取締役社長）
本社所在地	東京都千代田区神田須田町2-5-2 須田町佐志田ビル 3F
URL	http://www.tbr.co.jp/
事業内容	①内外経済、産業、経営などに関するものづくりの視点を重視した調査・分析 ②官公庁、地方自治体、各種団体、個別企業に対し、産業・技術・研究開発などの調査分析と提言 ③繊維・ファッション産業、地域産業に関する幅広い調査分析・情報発信 ④生産財から消費財にいたる市場調査、顧客満足度調査 ⑤経営・組織風土改革・異業種交流プログラムなどの人材開発支援 ⑥ダイバーシティ&ワークライフバランス／働きやすい、働き甲斐のある職場づくり支援

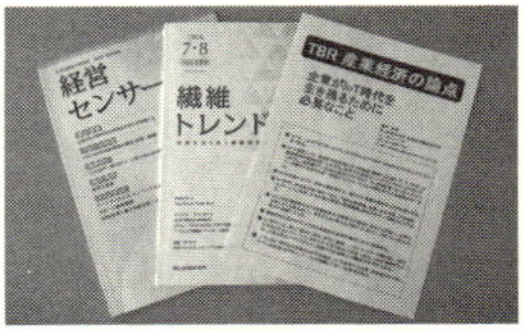

東レ経営研究所の刊行物

会社の特徴

メーカー系シンクタンクの草分け

1986（昭和61）年6月、東レの経営環境調査機能とマネジメント研修機能を分離して設立され、国内では数少ないメーカー系シンクタンクとして、東レの人材や技術をバックグラウンドに活動を続ける。

マクロ経済、産業経済、産業技術ならびに繊維産業などにかかわる「調査、研究、分析活動」は品質を最優先にし、委託先から高い評価を受ける。

「人材開発」では、階層別マネジメント研修など実践的な研修会が回数を重ね、「戦略的技術マネジメント（MOT）研修」は経験豊富な講師陣を擁し、受講者や企業から好評。

会員サービスの一環として発行する機関誌（「経営センサー」、「繊維トレンド」）は、社内の執筆者のほか、大学教授や企業経営者、専門家など多彩な執筆陣がタイムリーに情報発信している。

わが国の政策にも取り上げられている「ダイバーシティ &ワークライフバランス」も取り組みのひとつ。女性、高齢者や障害者など、働く人の多様化をどのように進めるか、出産、子育てに直面する共働き夫婦や、親の介護に多くの労力や資金を投じる必要のある中堅社員などを、どうサポートするかを研究し、顧客のニーズに合ったコンサルティングを実施している。

東レインターナショナル株式会社

設立	1986年12月20日
資本金	20億4000万円
売上高	5954億円（2016年3月期）
従業員数	国内552人（東レインターナショナル）、海外640人（海外商事会社、駐在員事務所）、合計1,192人（2016年3月末時点）
代表者	三木 章行（代表取締役社長）
本社所在地	東京本社：東京都中央区日本橋本町3-1-1日本橋TIビル 大阪本社：大阪市北区中之島3-3-3　中之島三井ビル
URL	http://www.toray-intl.co.jp/
事業内容	①東レグループ商品および一般商品の輸出入、三国間貿易、販売　②東レグループおよび一般顧客向け原料・製品などの輸入・調達　③機器などの輸出、三国間貿易　④サングラス、家庭用浄水器「トレビーノ」、高機能ワイピングクロス「トレシー」、テグスなど釣り関連商品など最終消費財の国内販売
海外現地法人所在地（略称）	米国・ニューヨーク（TIAM）、メキシコ・グアダラハラ（TIMX）、ドイツ（TIEU）、イギリス（TIUK）、イタリア（TIIT）、中国・上海（TICH）、香港（TIHK）、中国・広州（TIGT）、台湾・台北（TITP）、韓国（TIK）、インド・ムンバイ（TIID）、インドネシア（TIIN）、シンガポール（TISP）、タイ（TITH）
海外事務所	ロシア・モスクワ、トルコ・イスタンブール、バングラデシュ・ダッカ、ミャンマー・ヤンゴン、ベトナム・ホーチミン、フィリピン・マニラ
国内関係会社	東レアルファート株式会社

東京本社

会社の特徴

東レグループのメーカー商社

東レグループの商事部門を担う会社として、東レおよび東レグループの商品・サービスについて高い専門性をもった、いわゆる「メーカー商社」として成長。全東レグループの世界規模の取引を拡大発展させながら、蓄積した経験・ノウハウと、国内外にわたる販売網をベースに原料から最終消費財まで幅広いビジネスを展開する。

具体的な商材は、合繊長・短繊維、合織織物、産業用紡績糸、綿花・羊毛、皮革製品、アパレル縫製品などの繊維関連商品と、合繊原料化学品、複合材料、繊維製造機器や電子材料・電子部品、水処理関連機器、印刷材料、フィルム、樹脂などの素材、部材、機材、さらに家庭用浄水器「トレビーノ」、高機能ワイピングクロス「トレシー」、サングラスなどの最終消費財まで、多岐に及ぶ。

蝶理株式会社

設立	1948年9月2日
資本金	68億円
売上高	2916億円（2016年3月期）
従業員数	連結924人（2016年3月末）
代表者	先濱 一夫（代表取締役社長）
本社所在地	本店　大阪市中央区淡路町1-7-3 東京本社　東京都港区港南2-15-3　品川インターシティC棟
URL	http://www.chori.co.jp/
事業内容	①繊維原料、生地および製品の販売・輸出入 ②化学品の販売・輸出入 ③車輌およびその他商品の販売・輸出入
関係会社	［国内］株式会社東京白ゆり會（婦人既製服の企画・販売）、株式会社ジジョン（婦人服の販売）、蝶理MODA株式会社（アパレル製品の企画・開発）、ミヤコ化学株式会社（化学品・合成樹脂・医薬品・食材・包装材・電子部品などの原料・製品および周辺材を取り扱う商社）、ピイ・ティ・アイ・ジャパン株式会社（化学品専門商社）、澄蝶株式会社（化学原料の販売）、株式会社ビジネスアンカー（事務受託業） ［海外］上海北蝶服飾有限公司（婦人服（布帛）製造）、MEGACHEM LIMITED（化学品専門商社）、北京星蝶装備有限公司（化工設備・部品ほかの卸販売、輸入、技術サービスなど）、大連愛克商務管理有限公司（事務受託業）
海外ネットワーク	（中国）北京経済技術開発区、上海市、西安市、天津市、大連市、青島市、南通市、瑞安市、武漢市、貴陽市、新疆ウイグル自治区 （香港）長沙灣、深圳市 （台湾）台北市 （その他）UAE・ドバイ、サウジアラビア・ジェダ、タイ・バンコク、ベトナム・ホーチミン、マレーシア・クアラルンプール、ロシア・モスクワ、ドイツ・ノイイーゼンブルク、米国・ニュージャージー、インドネシア・ジャカルタ、チリ・サンディアゴ、シンガポール・シンガポール、イラン・テヘラン、バングラディッシュ・ダッカ、フィリピン・マニラ、韓国・ソウル、インド・ムンバイ、カンボジア・シアヌーク

繊維

大垣扶桑紡績株式会社

設立	1948年8月25日
資本金	1億円
従業員数	156人（2016年3月末）
代表者	隅田 毅（代表取締役社長）
所在地	岐阜県大垣市美和町1688番地
URL	http://www.ogakifuso.co.jp/
事業内容	合成繊維および各種合成繊維混紡糸の製造・販売
関係会社	美和興産株式会社

創和テキスタイル株式会社

設立 1986年1月21日
資本金 1億円
従業員数 218人（2016年6月末）
代表者 大林 浩（代表取締役社長）
所在地 石川県羽咋市本江町ヌ8
URL http://www.sowatextile.jp/
事業内容 ①各種繊維の原糸加工・販売 ②各種繊維製品の製造・加工販売 ③各種繊維機械の研究・開発、製造加工・販売

東レハイブリッドコード株式会社

設立 1961年12月14日
資本金 1億円
従業員数 132人（2016年3月末）
代表者 鈴木 信博（代表取締役社長）
所在地 愛知県西尾市上矢田町神明寺3番地
URL http://www.toray-hybrid.com/
事業内容 ①タイヤコード事業 ②産業用コード事業（自動車用各種ホース補強コード、抄紙用フェルト、芯体コード、伝導ベルト用コード、電気資材用コード） ③カーペット用パイル糸事業 ④新事業（カットファイバー、混繊捲縮加工）
関係会社 （国内）株式会社トータイサービス
（海外）Toray Hybrid Cord (Thailand), Inc.

東レ・アムテックス株式会社

設立 1950年8月14日
資本金 1億円
従業員数 63人（2016年6月末）
代表者 近藤 隆俊（代表取締役社長）
所在地 大阪府富田林市西板持町8-1-65
URL http://www.toray-amtecs.jp/
事業内容 ①一般家庭用、工事用、産業資材用、タフテッドカーペットおよび人工芝、モケット製品などの製造販売 ②室内装飾品、住環境製品、バルコニータイル、機能建材の販売
関係会社 株式会社クロン

東レ・オペロンテックス株式会社

設立 1989年1月25日
資本金 35億1000万円
従業員数 142人（2016年6月末）
代表者 寺嶋 伸一（代表取締役社長）
所在地 東京都中央区日本橋本町1-1-1 METLIFE日本橋本町ビル
URL http://www.toray-opt.co.jp/
事業内容 ①ポリウレタン弾性繊維「ライクラファイバー」およびその高次製品の製造・販売 ②PTT（ポリトリメチレンテレフタレート）複合繊維「ライクラT400ファイバー」の製造・販売

東レきもの販売株式会社

設立 1984年10月15日
資本金 1億円
従業員数 8人（2016年6月末）
代表者 正木 康彦（代表取締役社長）
所在地 京都市中京区六角通室町西入玉蔵町121番地 美濃利ビル4F
事業内容 ①和装用織編物の仕入・販売
②和装製品の企画・仕入・製造・販売
関係会社 東洋和装工業株式会社

東レコーテックス株式会社

設立 1950年9月15日
資本金 1億1000万円
従業員数 230人（2016年3月末）
代表者 木下 淳史（代表取締役社長）
所在地 京都市南区吉祥院落合町15
URL http://www.tcx.co.jp/
事業内容 ①各種織物、編み物、不織布、フィルムのコーティング・ラミネート加工 ②精密研磨材（硬質ウレタンパッド研磨材・スエード精密研磨材） ③合成皮革（衣料、手袋、履き物、家具） ④ホットメルト製品（シーリングテープ、マーキングフィルムほか） ⑤化成品（ポリウレタン系、アクリル系樹脂）
関係会社 コーテックスサービス株式会社

東レ・テキスタイル株式会社

設立 2008年4月1日（統合）
資本金 1億円
従業員数 191人（2016年6月末）
代表者 太田 一平（代表取締役社長）
所在地 愛知県稲沢市平和町上三宅1-1
URL http://www.toray-textiles.co.jp/
事業内容 ①合成繊維特品加工糸、染糸の生産・販売 ②丸編生地の生産・販売 ③経編（トリコット）生地の生産・販売 ④ストレッチニット（ラッセル）生地の生産・販売 ⑤土地、建物の賃貸
関係会社 足利興産株式会社

東レ・モノフィラメント株式会社

設立 1963年4月2日
資本金 4億9000万円
従業員数 171人（2016年6月末）
代表者 桑原 政人（代表取締役社長）
所在地 愛知県岡崎市昭和町字河原1番地
URL http://www.toray-mono.co.jp/
事業内容 ナイロン、ポリエステル（東レテトロン）をはじめ、各種合成繊維モノフィラメント、モノフィラメントを素材とする高次加工製品などの製造販売
関係会社 岡崎合織株式会社

丸一繊維株式会社

設立 1950年10月25日
資本金 4800万円
従業員数 86人（2016年6月末）
代表者 辻 和克（代表取締役社長）
所在地 新潟県糸魚川市大字大和川1250
URL http://www.maruichiseni.co.jp/
事業内容 化学繊維紡績糸の製造・販売

丸佐株式会社

設立 1946年9月18日
資本金 3億1200万円
売上高 117億円（2016年3月期）
従業員数 61人（2016年3月末）
代表者 横川 栄一（代表取締役社長）
所在地 岐阜市橋本町2-8
濃飛ニッセイビル11F・12F
URL http://www.marusa-site.co.jp/
事業内容 原糸・原綿、紡績糸、テキスタイル、縫製品の製造・加工・販売
子会社 （国内）株式会社アルタモーダ、長良繊維株式会社
（海外）丸佐（上海）貿易有限公司
関連会社 （国内）大垣扶桑紡績株式会社
（海外）CMT DYEING Co. Ltd.

サンリッチモード株式会社

設立　2006年10月19日（東レ100%子会社化）
資本金　1億円
従業員数　16人（2016年6月末）
代表者　西澤 秀幸（代表取締役社長）
所在地　東京都千代田区岩本町1-7-1 瀬木ビル 5F
URL　http://www.sunrichmode.co.jp/
事業内容　ユニフォームの企画・生産・販売

株式会社日本アパレルシステムサイエンス

設立　1972年3月18日
資本金　9100万円
従業員数　36人（2016年6月末）
代表者　中村 康太郎（代表取締役社長）
所在地　東京都新宿区岩戸町4番地 87ビルディング岩戸町 2F
URL　http://www.jassnet.co.jp/
事業内容　①パターンメイキング、グレーディング、マーキング、仕様書作成、サンプル縫製の受託　②各種CADデータの作成、互換などの受託　③各種CADデータからの型紙出力および、日本国内、上海近郊への直送納品　④衣服の企画、設計、生産に関するコンサルティング業務　⑤スキャナーなどCAD関連機器の販売

東レエクセーヌプラザ株式会社

設立　1989年9月12日
資本金　2000万円
従業員数　6人（2016年6月）
代表者　川端 充（代表取締役社長）
所在地　東京都港区西麻布4-16-13 西麻布六本木通ビル 2F
URL　http://www.toray-ecsaine-plaza.com/
事業内容　①卸売販売（婦人服・紳士服および身の回りの小物の百貨店・専門店などへの卸売販売）　②無店舗販売（通信販売業者・訪問販売業者への販売、自社カタログ販売、催事販売）　③OEM販売（大手アパレルメーカーからのOEM受注販売）　④特需販売（大手企業からのノベルティ受注販売）　⑤企画・製造（①～④の商品の企画・製造）　⑥生地販売（人工皮革「ウルトラスエード」の生地販売）

東レ・ディプロモード株式会社

設立　2007年8月23日
資本金　4億9000万円
従業員数　139人（2016年6月末）
代表者　野村 幹司（代表取締役社長）
所在地　東京都港区西麻布4-16-13 西麻布六本木通ビル
URL　http://www.toray-tdm.co.jp/
事業内容　①婦人服、服飾雑貨の輸入・製造・販売
②海外提携によるブランドライセンスビジネスほか

東レペフ加工品株式会社

設立　1980年4月7日
資本金　1億2000万円
従業員数　50人（2016年6月末）
代表者　高島 直紀（代表取締役社長）
所在地　滋賀県湖南市下田1916番地
URL　http://www.toray-pef.co.jp/
事業内容　①断熱・保温製品事業
トーレペフをベースとした管材用加工製品（パイプカバー・チューブ・成型品）および産業用加工製品（成型品など各種加工品）の生産・販売、トーレペフ原反シートおよび加工シートの販売、無機素材超耐熱カバーの販売、ハーフカット加工
②介護、福祉、健康関連製品事業
人工畳の生産、販売（健康サポーターの生産販売）
関係会社　湖南成型株式会社

東レKPフィルム株式会社

設立　1959年10月8日
資本金　4億1300万円
従業員数　148人（2016年6月末）
代表者　森本 博幸（代表取締役社長）
所在地　兵庫県加古川市野口町古大内510
URL　http://kakopura.com/
事業内容　①コンデンサ用蒸着加工
②スリット加工
③その他各種金属蒸着加工、電子材料事業

東レバッテリーセパレータフィルム株式会社

設立　2007年11月1日
資本金　3億100万円
従業員数　296人（2016年6月末）
代表者　井上 治（代表取締役社長）
所在地　栃木県那須塩原市井口1190番13
URL　http://www.toray-bsf.com/
事業内容　バッテリーセパレータフィルムの製造・販売
関係会社　東レバッテリーセパレータフィルム韓国有限会社、東レBSFコーティング韓国有限会社

東レ・ダウコーニング株式会社

設立　1966年12月12日
資本金　61億9800万円
従業員数　900人（2015年12月末）
代表者　桜井 恵理子（代表取締役会長・CEO）
畑 愼一郎（代表取締役社長・COO）
所在地　東京都千代田区大手町1-5-1
大手町ファーストスクエアビル イーストタワー 23F
URL　http://www.dowcorning.co.jp/
事業内容　①シリコーン製品、シラン製品およびこれらを含み、またはこれらを用いて製造される製品の購入、製造および販売
②特殊潤滑剤、有機樹脂コンパウンド（プラスチック原材料）、金属珪素、その他珪素含有化合物およびこれらを含み、またはこれらを用いて製造される製品の購入、製造および販売
関係会社　サイトサービスジャパン株式会社

東レ・ファインケミカル株式会社

設立　1932年1月28日
資本金　4億7400万円
従業員数　336人（2016年6月末）
代表者　中嶋 隆文（代表取締役社長）
所在地　東京都千代田区神田須田町2-3-1
URL　http://www.torayfinechemicals.com/
事業内容　次の製品の購入、製造、加工および販売　①DMSO（ジメチルスルホキシド）とその回収品　②医薬中間体・原体、農薬中間体・原体、感光材料、電子材料、建築土木材料、ゴム添加剤、樹脂添加剤などの機能ケミカル製品　③ポリサルファイドポリマ　④コーティング剤、接着剤、粘着剤、シーリング剤などの機能ポリマ製品　⑤セルローススポンジ、フッ素繊維および不織布

住宅・エンジニアリング

東レACE株式会社

設立　2007年2月5日
資本金　4億9000万円
従業員数　210人（2016年3月末）
代表者　小山 一良（代表取締役社長）
所在地　東京都中央区日本橋大伝馬町12-2
URL　http://www.toray-ace.com/
事業内容　①窯業系外装材、繊維補強セメント板、建材用樹脂成型品の製造・輸入および販売　②土木・建築用セラミック製品、その他土木・建築材料の輸入および販売　③土木・建築資材・耐震用補強材などの販売　④その他土木・建築材料の販売、斡旋

東レ・プレシジョン株式会社

設立　1955年2月11日
資本金　2億円
従業員数　121人（2016年6月末）
代表者　古川 徹（代表取締役社長）
所在地　滋賀県大津市大江1-1-40
URL　http://www.tpc-jp.co.jp/
事業内容　①合成繊維紡糸用口金の製造販売　②FPD関連のスリットダイ、塗布ノズルの製造販売　③インクジェットノズルの製造販売　④光通信コネクターなど光通信関連精密部品・デバイスの製造販売⑤航空機用、産業ロボット用・半導体製造装置・産業用機器用など各種精密部品の製造販売　⑥燃料噴射弁、各種流体噴射ノズルの製造販売　⑦エア交絡ノズル、精密計量ギヤポンプなど繊維機械類の製造販売　⑧各種のMicro-Engineering業務
関係会社　東麗精密科技（蘇州）有限公司

地域関連事業

石川殖産株式会社

所在地　石川県能美市北市町リ1
事業内容　東レ石川工場内の付帯業務の請負、各種製品の生産・加工・販売

岡崎殖産株式会社

所在地　愛知県岡崎市矢作町字出口1
事業内容　東レ岡崎工場内の付帯業務の請負、各種製品（繊維製品・各種フィルムなど）の加工・販売および計量証明・作業環境分析など

岐阜殖産株式会社

所在地　岐阜県安八郡神戸町大字安次900-1

事業内容　東レ岐阜工場内の付帯業務の請負、人工皮革エクセーヌ小物製品加工・販売および消防設備点検事業

滋賀殖産株式会社

所在地　滋賀県大津市園山1-1-1

事業内容　東レ滋賀事業場および瀬田工場内の付帯業務の請負、東レ製品の販売、駐車場・看板・印刷・教育・研修の支援・ISO取得支援などの事業、設備メンテナンス、消防設備点検、自転車事業、バッテリー補給液の販売など

千葉殖産株式会社

所在地　千葉県市原市千種海岸2-1

事業内容　東レ千葉工場内および東レ・ファインケミカル千葉工場内の付帯業務の請負、エコリサイクル事業、建材など東レ商品の販売、バッテリー水の生産・販売、防災・看板事業など

土浦殖産株式会社

所在地　茨城県土浦市北神立町2-1

事業内容　東レ土浦工場内の付帯業務の請負、各種製品の生産・加工・販売

東洋サービス株式会社

所在地　名古屋市西区堀越1-1-1

事業内容　東レ愛知工場内の付帯業務の請負、各種製品（繊維製品、東レ製品など）の生産・加工・販売

東洋殖産株式会社

所在地　愛媛県伊予郡松前町大字筒井1515

事業内容　東レ愛媛工場内の付帯業務の請負、各種製品（果実被覆ネット、ヘチマ化粧品、炭素繊維製バレーボール支柱、その他東レ製品など）の生産・加工・販売

三島殖産株式会社

所在地　静岡県三島市4845

事業内容　東レ三島工場内の生産・付帯業務の請負、各種製品（東レグループ商品、バッテリー用精製水など）の生産・販売・施工、PETリサイクル事業、環境分析事業

名南サービス株式会社

所在地　名古屋市港区大江町9-1

事業内容　東レ名古屋事業場および東海工場内の付帯業務の請負、各種製品（消火器ボックスなど各種防災機器、ほか東レ商品）の販売、防災消防設備メンテ、および環境分析事業など

主要海外関係会社

欧州・米州	略称	事業内容
チェコ共和国		
Toray textiles Central Europe s.r.o.	(TTCE)	裏地用織物・エアバッグ用基布の製造・販売、印刷版材（水なし平版）の製造・販売
フランス		
Toray Carbon Fibers Europe S.A.	(CFE)	PAN系炭素繊維の製造・販売
Toray Films Europe S.A.S.	(TFE)	ポリエステルフィルム、OPPフィルムの製造・販売
ドイツ		
Toray Industries Europe GmbH	(TEU)	技術・研究・市場調査、欧州投資コンサルティング

欧州・米州	略称	事業内容
Toray International Europe GmbH	(TIEU)	商事
Euro Advanced Carbon Fiber Composites GmbH	(EACC)	炭素繊維複合材料製自動車部品の製造・販売
Toray Resins Europe GmbH	(TREU)	樹脂製品の輸入・販売
Greenerity GmbH	(GNT)	燃料電池・水電解装置部材の開発・製造・販売
イタリア		
Alcantara S.p.A.	-	人工皮革アルカンターラの製造・販売
Toray International Italy S.r.l.	(TIIT)	商事
Composite Materials (Italy) S.r.l.	(CIT)	炭素繊維織物・プリプレグの製造・販売
Delta-Tech S.p.A. Delta-Preg S.p.A.	(DELTA)	プリプレグの製造・販売
スペイン		
Toray Membrane Spain S.L.	(TMSP)	水処理事業の市場調査および営業支援
スイス		
Toray Membrane Europe AG	(TMEu)	ROエレメントおよびUF/MF、MBRの輸入・販売
英国		
Toray International U.K. Ltd.	(TIUK)	商事
Toray Textiles Europe Ltd.	(TTEL)	長繊維織物の製造・販売
米国		
Toray Industries (America), Inc.	(TAM)	技術・研究・市場調査、米国投資コンサルティング
Toray Carbon Fibers America, Inc.	(CFA)	炭素繊維の製造・販売
Toray Composites (America), Inc.	(TCA)	炭素繊維プリプレグの製造・販売
Toray Fluorofibers (America), Inc.	(TFA)	フッ素繊維の製造・販売
Toray International America Inc.	(TIAM)	商事
Toray Membrane USA, Inc.	(TMUS)	RO膜エレメントの製造･販売およびその他水処理膜、膜関連製品の販売
Toray Plastics (America), Inc.	(TPA)	OPPフィルム、PETフィルムおよびポリオレフィンフォームの製造・販売
Toray Resin Co.	(TOREC)	ナイロン・PBT樹脂コンパウンドの製造・販売およびABS・PPSその他樹脂の輸入販売
Zoltek Companies, Inc.	(Zoltek)	Zoltekグループの持株会社
Zoltek Corporaation	(Zoltek US)	PAN系ラージトウ炭素繊維･耐炎糸の販売、高次加工品の開発・製造・販売
メキシコ		
Toray International de Mexico, S.A. de C.V.	(TIMX)	商事
Toray Resin Mexico S.A. de C.V.	(TRMX)	ナイロン・PBT樹脂コンパウンドの製造・販売、樹脂製品の輸入販売

欧州・米州	略称	事業内容
Toray Advanced Textile Mexico, S.A.de C.V.	(TAMX)	エアバッグ用ナイロン織維およびエアバッグ基布の製造・販売
ブラジル		
Toray do Brazil Ltda.	(TBL)	市場調査および繊維、プラスチック、ケミカルなどの各種製品の輸出入販売

アジア・中東	略称	事業内容
韓国		
STEMCO, Ltd.	(STEMCO)	TAB・COFテープの製造・販売
Toray Advanced Materials Korea Inc.	(TAK)	ポリエステルフィルム、フィルム加工品、ポリエステル長繊維、不織布、水処理製品および炭素繊維の製造・販売
Toray Chemical Korea Inc.	(TCK)	ポリエステル長繊維、ポリエステル短繊維、水処理製品およびポリエステルフィルムの製造・販売
Toray International (Korea), Inc.	(TIK)	商事
インド		
Toray Industries (India) Private Limited	(TID)	インド市場調査および東レグループ事業拡大・進出のための支援
Toray International India Private Limited	(TIID)	商事
Toray Kusumgar Advanced Textile Private Limited	(TKAT)	エアバッグ用基布の製造・販売
シンガポール		
Toray Asia Pte. Ltd.	(TAS)	水処理事業の市場調査および営業支援
Toray International Singapore Pte. Ltd.	(TISP)	商事
インドネシア		
P.T. Toray Industries Indonesia	(TIN)	インドネシア国事業の統括
P.T. Acryl Textile Mills	(ACTEM)	アクリル紡績、糸染
P.T. Century Textile Industry Tbk	(CENTEX)	ポリエステル／綿紡績・織布・染色加工
P.T. Easterntex	(ETX)	ポリエステル／綿紡績・織布
P.T. Indonesia Synthetic Textile Mills	(ISTEM)	ポリエステル／レーヨン紡績・織布・染色加工
P.T. Indonesia Toray Synthetics	(ITS)	ナイロン長繊維、ポリエステル長繊維、ポリエステル短繊維の製造・販売 ナイロン、PBT樹脂コンパウンドの製造・販売
P.T. Petnesia Resindo	(PNR)	ボトル用ポリエステル樹脂の製造・販売
P.T. Toray International Indonesia	(TIIN)	商事
P.T. Toray Polytech Jakarta	(TPJ)	高機能ポリプロピレン長繊維不織布の製造・販売
P.T. TI Matsuoka Winner Industry	(TIMW)	縫製品の製造

アジア・中東	略称	事業内容
マレーシア		
Toray Industries (Malaysia) Sdn. Berhad	(TML)	マレーシア国事業の統括
Penfabric Sdn. Berhad	(PAB)	ポリエステル／綿紡績・織布・染織・プリント加工、ギンガム
Penfibre Sdn. Berhad	(PFR)	ポリエステル短繊維の製造・販売、ポリエステルフィルムおよびポリエステル加工フィルムの製造・販売、バッテリーセパレータフィルムの加工・販売
Toray BASF PBT Resin Sdn. Berhad	(TBPR)	PBT樹脂の製造・販売
Toray Plastics (Malaysia) Sdn. Berhad	(TPM)	ABS樹脂の製造・販売およびPBT樹脂などの販売
タイ		
Toray Industries (Thailand) Co., Ltd.	(TTH)	タイ国事業の統括
Luckytex (Thailand) Public Company Limited	(LTX)	綿およびポリエステル／綿紡績・織布・染色加工、ポリエステル長繊維織布・染色加工、産業資材高次加工
Thai PET Resin Co., Ltd.	(TPRC)	ボトル用ポリエステル樹脂の製造・販売
Thai Toray Synthetics Co., Ltd.	(TTS)	ナイロン長繊維、ポリエステル長繊維の製造・販売、ナイロン、PBT樹脂コンパウンドの製造・販売、蒸着フィルムおよび無延伸ポリプロピレンフィルムの製造・販売
Thai Toray Textile Mills Public Company Limited	(TTTM)	ポリエステル／レーヨン紡績・織布・染色加工、仮撚・丸編、帆布の紡績・織布
Toray International Trading (Thailand) Co., Ltd.	(TITH)	商事
サウジアラビア		
Toray Membrane Middle East LLC	(TMME)	RO膜エレメントの製造・販売およびその他水処理膜・膜関連製品の販売

中国・香港・台湾	略称	事業内容
中国		
東麗(中国)投資有限公司 Toray Industries (China) Co., Ltd.	(TCH)	中国事業の統括
東麗先端材料研究開発(中国)有限公司 Toray Advanced Materials Research Laboratries (China) Co., Ltd.	(TARC)	先端材料および先端技術の研究開発
藍星東麗膜科技(北京)有限公司 Toray BlueStar Membrane Co., Ltd.	(TBMC)	ROエレメントの製造・販売
東麗繊維研究所(中国)有限公司 Toray Fibers & Textiles Research Laboratories (China) Co., Ltd.	(TFRC)	繊維・高分子の研究開発
東麗合成繊維(南通)有限公司 Toray Fibers (Nantong) Co., Ltd.	(TFNL)	合成繊維およびチップ、エアフィルターの製造・販売

中国・香港・台湾	略称	事業内容
東麗薄膜加工(中山)有限公司 Toray Film Products (Zhongshan) Ltd.	(TFZ)	コンデンサー用蒸着フィルムの製造・販売
東麗国際貿易(中国)有限公司 Toray International (China) Co., Ltd.	(TICH)	商事
東麗即発(青島)染織股份有限公司 Toray Jifa (Qingdao) Textile Co., Ltd.	(TJQ)	綿およびポリエステル／綿紡績・織布・染色加工
東麗医療科技(青島)股份有限公司 Toray Medical (Qingdao) Co., Ltd.	(TMQ)	透析機器・ダイアライザーの製造・販売
東麗(北京)科技諮詢服務有限公司 Toray Membrane (Beijing) Co., Ltd.	(TMBJ)	水処理事業の市場調査および営業支援
東麗塑料科技(蘇州)有限公司 Toray Plastics (SuZhou) Co., Ltd.	(TPSU)	樹脂コンパウンド品の製造・販売
東麗塑料(深圳)有限公司 Toray Plastics (Shenzhen) Ltd.	(TPSZ)	樹脂コンパウンド品の製造・販売
東麗塑料(成都)有限公司 Toray Plastics (Chengdu) Co., Ltd.	(TPCD)	樹脂コンパウンド品の製造・販売
東麗高新聚化(南通)有限公司 Toray Polytech (Nantong) Co., Ltd.	(TPN)	高機能ポリプロピレン長繊維不織布および高次加工品の製造・販売
東麗酒伊織染(南通)有限公司 Toray Sakai Weaving & Dyeing (Nanton) Co., Ltd.	(TSD)	合成繊維織物の織布・編立・染色加工および販売
東麗塑料精密(中山)有限公司 Toray Plastics Precision (Zhongshan) Ltd.	(TPPZ)	樹脂成形および組立加工品の製造・販売
儀化東麗聚酯薄膜有限公司 Yihua Toray Polyester Film Co., Ltd.	(YTP)	ポリエステルフィルムの製造・販売
広州東麗国際商貿有限公司 Toray International Guangzhou Trading Co., Ltd.	(TIGT)	商事
香港		
東麗(華南)有限公司 Toray Industries (South China) Co., Ltd.	(TSCH)	中国華南・香港地区事業のマネジメントサービス
東麗(香港)有限公司 Toray Industries (H.K.) Ltd.	(THK)	商事、市場調査
東麗薄膜加工(香港)有限公司 Toray Film Products (Hong Kong) Ltd.	(TFH)	コンデンサー用蒸着フィルムの製造・販売
東麗塑料(中国)有限公司 Toray Plastics (China) Co., Ltd.	(TPCH)	中国における樹脂事業統括
東麗塑料精密有限公司 Toray Plastics Precision (Hong Kong) Ltd.	(TPPH)	樹脂成形および組立加工品の販売
東麗国際貿易(香港)有限公司 Toray International Trading (Hong Kong) Co., Ltd.	(TIHK)	商事
台湾		
台北東麗国際股份有限公司 Toray International Taipei Inc.	(TITP)	商事
東麗尖端薄膜股份有限公司 Toray Advanced Film Kaohsiung Co., Ltd.	(TAFK)	ポリオレフィン系フィルムの製造・輸入販売

chapter 9

第９章

使える企業情報源

東レグループ事業セグメント、組織図、テクノフィールドと主要事業・製品、主要製品ラインナップなど、企業・業界研究や就職活動の参考になる東レグループの基本データを紹介する。

東レグループ事業セグメント

基幹事業

繊維

ポリエステル、ナイロン、アクリルの3大合成繊維すべてを展開。原糸・原綿、テキスタイル、縫製品のほか、エアバッグやシートベルト、火力発電用のバグフィルターなど各種産業資材用途まで提供。

プラスチック・ケミカル

樹脂・フィルム・ケミカルの3事業を展開し、特にポリエステルフィルムは世界トップのシェア20%を有する。植物由来の樹脂や太陽電池のフィルムなど、環境対応素材にも注力している。

戦略的拡大事業

情報通信材料・機器

薄型ディスプレー向けフィルムや中小型液晶カラーフィルター、回路材料、半導体材料、IT関連機器など、幅広い製品を提供。顧客とのパートナーシップをさらに強化していく。

炭素繊維複合材料

東レが世界最大のメーカーであるPAN系炭素繊維は、航空機の一次構造部材から自動車用途、各種補強材など一般産業用途、ゴルフクラブのシャフトなどのスポーツ用途まで使用され、評価は高い。

重点育成・拡大事業

環境・エンジニアリング

世界トップレベルの技術を誇る水処理事業では逆浸透膜（RO膜）など水処理膜をフルラインナップ。各種プラント・機械の製造のエンジニアリング事業、マンション建設・販売の建設事業から成る。

ライフサイエンス

フエロン、ドルナー、レミッチなどの医薬品事業、血液透析装置などの医療材事業やバイオツール事業を拡大。コンタクトレンズやDNAチップも揃える。また、分析・調査・研究等のサービス関連事業も行っている。

東レ組織図

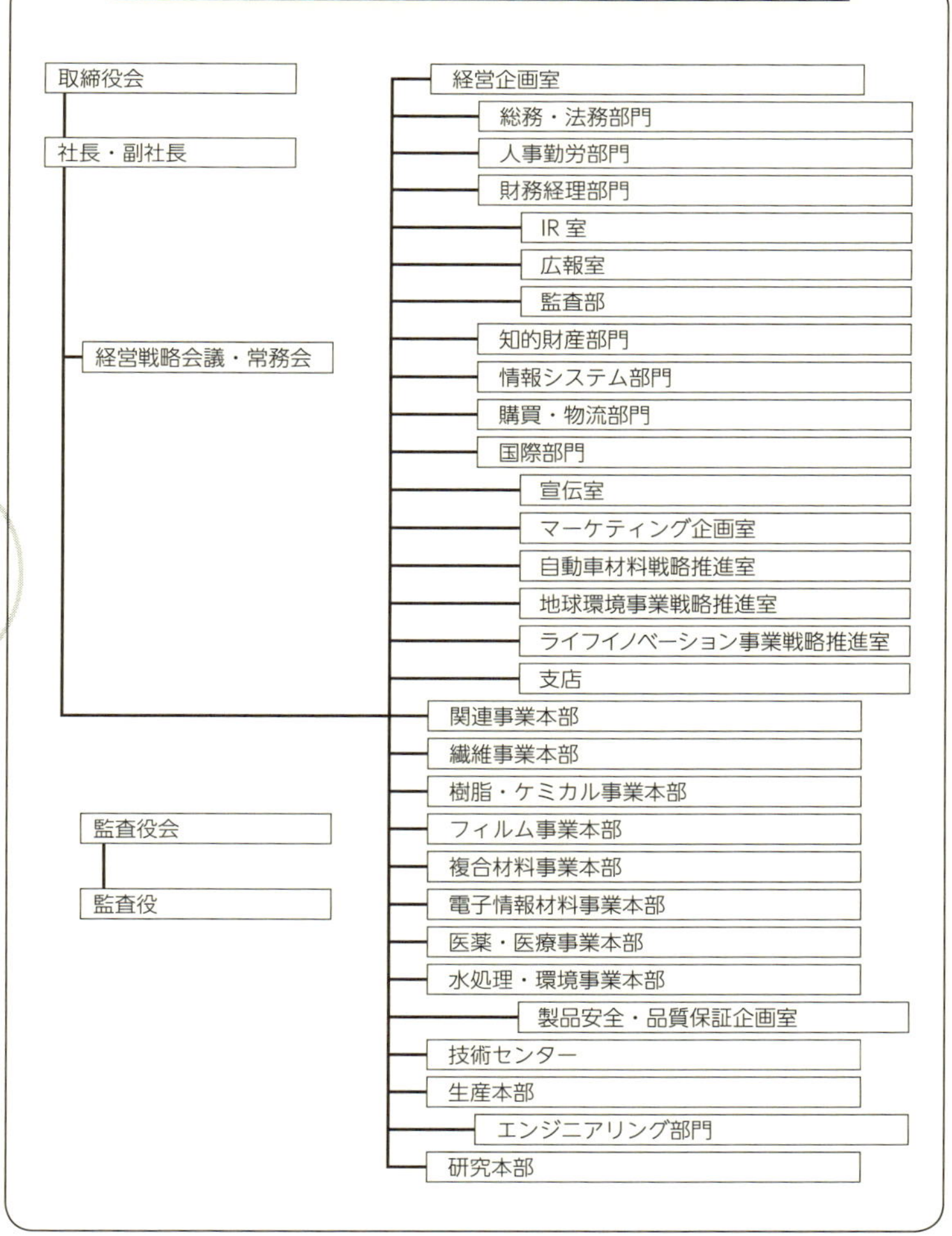

※ 2016 年 10 月 1 日現在

東レ（連結）のセグメント別業績推移 （単位：億円）

セグメント＼年	2012年	2013年	2014年	2015年	2016年
繊維					
売上高	6383	6321	7554	8566	8920
営業利益	453	432	529	556	689
プラスチック・ケミカル					
売上高	3978	3958	4705	4963	5212
営業利益	273	183	180	238	293
情報通信材料・機器					
売上高	2434	2375	2457	2479	2510
営業利益	345	229	245	244	261
炭素繊維複合材料					
売上高	699	776	1133	1583	1861
営業利益	76	72	169	262	361
環境・エンジニアリング					
売上高	1702	1783	1801	1799	1833
営業利益	48	26	63	80	95
ライフサイエンス					
売上高	555	565	582	570	558
営業利益	59	74	56	40	30
その他					
売上高	132	141	142	143	147
営業利益	13	15	19	19	19

※各年とも３月期

東レグループのテクノフィールドと主要事業・製品

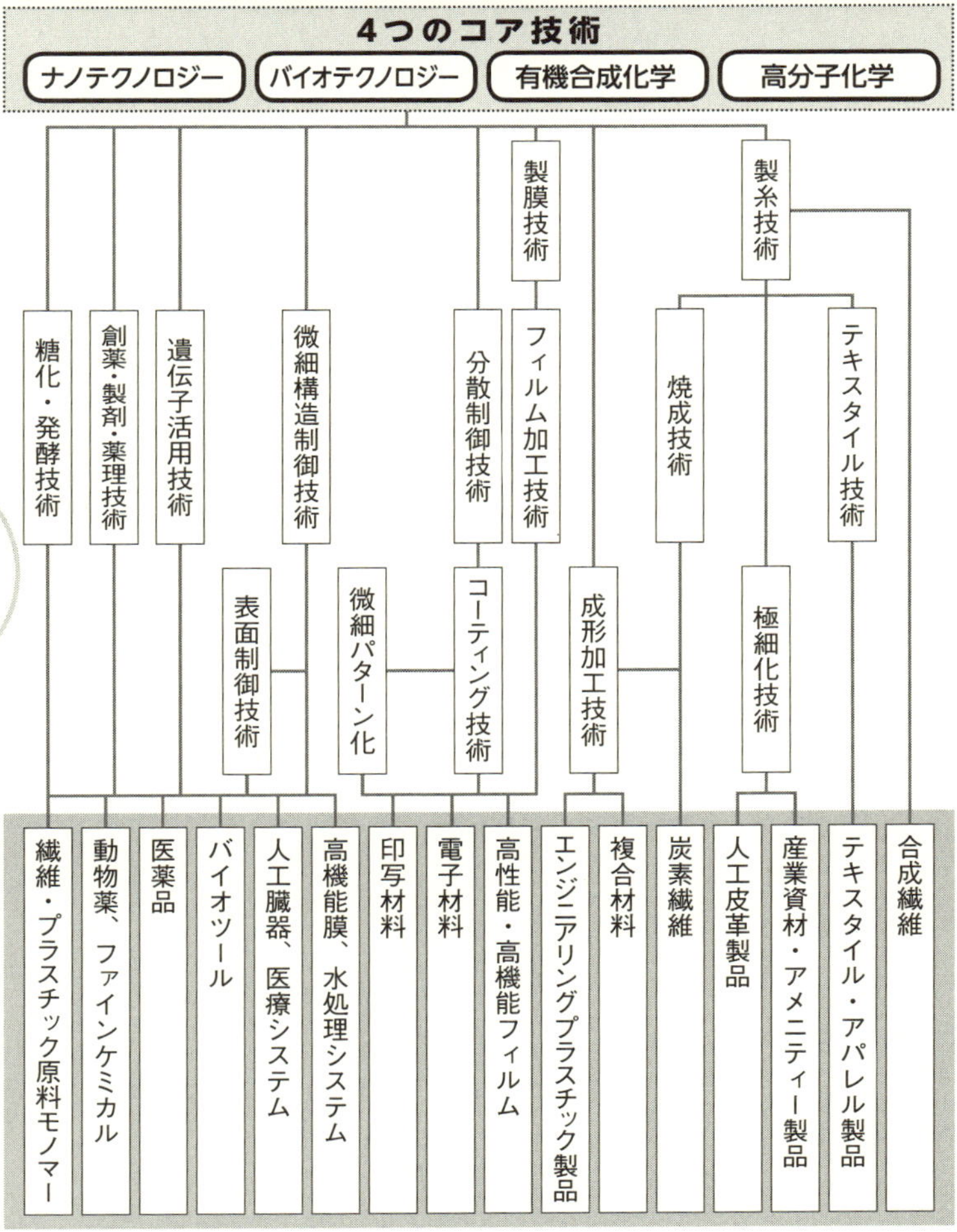

東レグループの主要製品

繊維事業		
東レ ナイロン	**ポリアミド繊維**　ナイロンは歴史上最初の合成繊維で、日本では初めて、東レが1951年から本格生産を開始。引っ張り・摩擦・薬品に対して強く、発色性に優れる。主な用途は衣料用(パンティーストッキング、水着、スキーウェア、インナーウェアなど)と、資材用(タイヤコード、エアバッグ、漁網、カーペットなど)で、同社ナイロンのシェアは国内最大。	
東レ テトロン	**ポリエステル繊維**　1958年の生産開始以来、張り・腰の強さ、イージーケア性などの優れた特性を持つテトロンは、より快適な衣生活の充実に寄与してきた。寝装用ではふとん用中わた、産業資材、建装用でも、優れた機能性により、タイヤコード、カーシート、シートベルト、不織布などの幅広いニーズに応える。	
トレロン	**アクリル繊維**　バルキー性、発色性、混用性の素晴らしさ、風合いの柔らかさと弾力性などの優れた特徴を持ち、セーター・ジャージ・靴下などの衣料分野をはじめ、毛布・マット・カーテンなど幅広い用途に使われている。また、抗ピル性・蓄熱・吸水性・撥水性・防汚性・制電性などの高機能を付加した製品も拡大。	
キューブ	**高吸放湿性ナイロン繊維**　世界で初めて、従来糸比約2倍の高吸放湿性を実現。従来ナイロンの機能性を保持しながら、ソフトでなめらかな風合い、優れた深色性などの特徴が加わった。パンティーストッキング、インナーウェア、スポーツウェア用途などに幅広く利用されている。	
トルコン	**ポリフェニレンサルファイド(PPS)繊維**　耐熱性、耐薬品性、耐加水分解性、難燃性などに優れる高機能繊維。融点は285度で、190度の連続使用にも耐える。バグフィルター用途をはじめ、幅広い分野に使用され、織物・編物・不織布など高次品での展開も行っており、耐熱性、耐薬品性が要求される用途に注目される。	

エコディア PLA	**ポリ乳酸繊維** 植物を原料とし、使用後は自然環境への還元が容易。CO_2排出量の削減や化石資源の温存といった環境への配慮はもちろん、弱酸性など人にも配慮した特性も兼ね備える次世代の繊維。現在、自動車部材を中心とした産業資材・生活資材や緑化資材を中心に展開中。	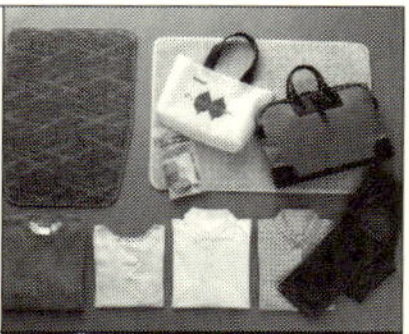
エクセーヌ	**スエード調人工皮革** 超極細繊維が束状になって緻密に絡み合った天然スエードと同じような構造の人工皮革。優れた品質・機能性は高評価で、ファッションの世界をはじめインテリアや精密機器の部材などさまざまな分野で使用され、世界トップシェアを誇る。	
シルック デュエット	**絹調ポリエステル素材** 1964年に販売開始をした絹調ポリエステル繊維シルックシリーズから、「合成繊維でしか表現できない肌触りの良さ」をコンセプトに開発した素材。上品な光沢感・艶感、優れた発色性を持つだけでなくエアリーなふくらみ、なめらかで人の肌に優しい安らぎの触感を兼ね備える。	
フィールド センサー	**吸汗・拡散・速乾性構造素材** 汗によるべとつき、まつわりなどを感じさせず、爽快な肌触りと着心地を実現した高機能スポーツウェア素材。ゴルフウェア、アスレチックウェアなどで好評を得ている。	
トレシー	**マイクロファイバークリーニングクロス** 超極細繊維技術が生み出した高性能クリーニングクロス。眼鏡、OA機器、スマートフォンなどのタッチパネル、カメラ、楽器、自動車から工業用途など、国内から輸出向けまで積極的に展開。	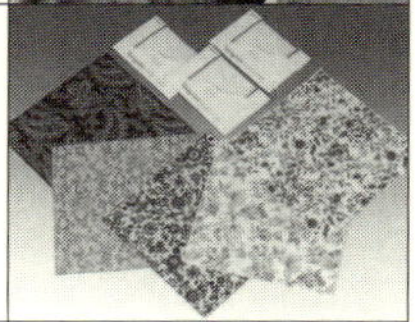
hitoe (ヒトエ)	**生体電極用導電性繊維** 超導電性高分子をナノファイバーニットに含浸させ高い導電性を持ち、生体情報の連続計測が可能な高機能素材。心拍数・心電波形などの生体信号を高感度検出できるため、効率的なスポーツトレーニングや作業者の体調変化などの情報を得られる。耐久性に優れ、肌へのフィット性や通気性を兼ね備える。	

プラスチック・ケミカル事業		
トヨラック	**ABS樹脂**　外観の美しさと、物性バランスに優れ、成形しやすい樹脂で、複写機などのOA機器から、自動車の内外装部品、家電用品、日用雑貨に至るまで幅広く利用されている。また、トヨラックパレルは独自の技術によって開発した持続型制電性樹脂で、用途を拡大している。	
アミラン	**ナイロン樹脂**　強靱性、耐熱性、耐油性に優れた代表的なエンジニアリングプラスチック。各種自動車部品、コネクターなどの電子部品や機械部品を中心に雑貨、包装、建材の分野まで幅広く採用されている。特に最近では自動車のエンジンルーム内の部品や携帯電話やパソコンの筐体など身近な使用例も増えている。	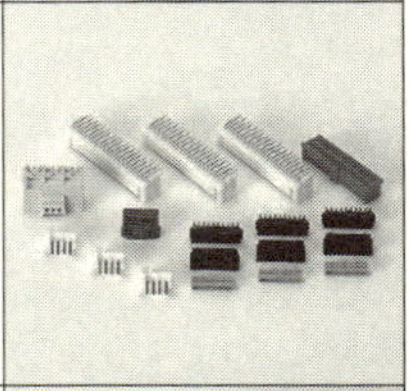
トーレペフ	**ポリオレフィンフォーム**　電子線架橋による半硬質・独立気泡の長尺シート状発泡体。軽量、断熱性、緩衝性、成形性、非吸水性などの特徴を生かして自動車内装部品、建築用断熱材、各種配管の保温および結露防止材、そのほか産業資材、生活用品、健康・スポーツ用品などの分野で幅広く使用されている。	
ルミラー	**ポリエステルフィルム**　東レが技術を駆使して生み出した多機能・高性能フィルム。工業材料(電気、環境エネルギー用途、印刷材料、工程離型紙など)や、光学材料(フラットパネルディスプレー関連部材用高透明基材、白色反射フィルムなど)、磁気材料(コンピューターデータストレージ・DVCテープなど)のほか、包装材料としても幅広く使用されている。	
トレリナ	**PPSフィルム**　東レが世界初で工業化。電気特性、寸法安定性などに優れ、長期耐熱温度はルミラーを凌ぎ、フィルム自体が難燃性。コンデンサー、電気絶縁材料、各種電子部品など多様な用途に展開しており、優れた耐薬品性、耐加水分解性能を生かして、リチウムイオン電池、燃料電池などの新エネルギー分野での用途拡大を見込む。	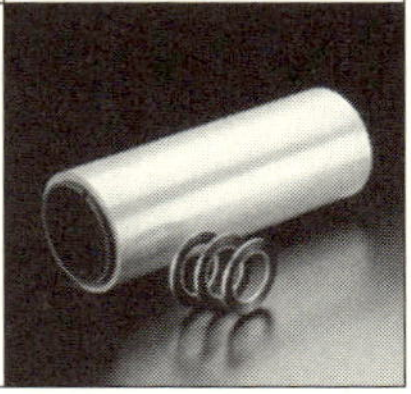

トレファン	**ポリプロピレンフィルム** プラスチックフィルムのなかで最も軽く透明で、抗張力、電気特性、機械的性質、耐薬品性、防湿性などに優れた特徴を持つ。トレファンBOは工業資材(コンデンサー、粘着テープなど)、包装材料(食品など)に、トレファンNOはヒートシール特性を生かしてレトルト食品用途や易開封蓋材などに使用されている。	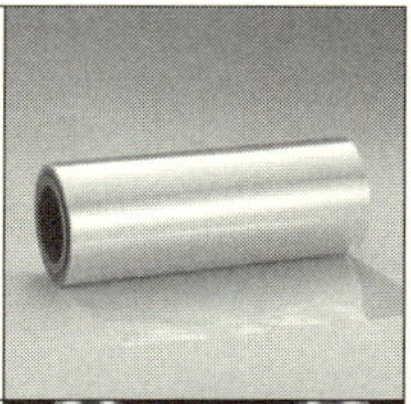
エコディア	**ポリ乳酸フィルム** 石油などの化石資源ではなく、植物を原料とし、使用後は自然環境に還元することが容易。化石資源の保護、二酸化炭素濃度の軽減、弱酸性など環境や人に優しい特性を兼ね備えている、まさに次世代に適したフィルム。	
インターキャット	**ネコインターフェロン(組換え型)製剤** ネコカリシウイルス感染症およびイヌパルボウイルス感染症の治療薬で、東レが開発した世界初の動物用抗ウイルス剤。海外では、技術導出先の仏ビルバック社がイヌパルボウイルス感染症、ネコ白血病ウイルス感染症、ネコ免疫不全ウイルス感染症の治療薬として販売。安全性の高い動物用医薬品として好評。	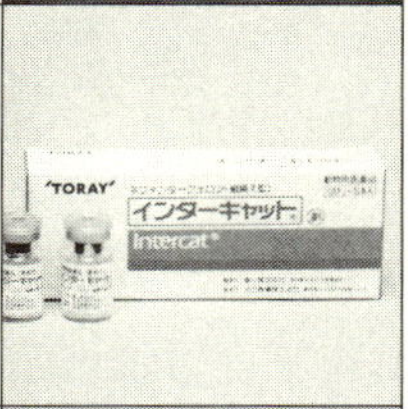
インタードッグ	**イヌインターフェロン-γ(ガンマ)(組換え型)製剤** イヌインターフェロン-γ(組換え型)を有効成分とする犬のアトピー性皮膚炎治療薬として東レが開発し、2005年より日本で製造販売している。	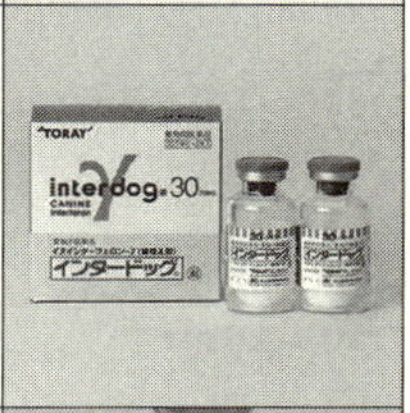
AQナイロン(水溶性ナイロン樹脂)	水やアルコールに溶解する機能を付与した変性ポリアミド。従来のナイロンでは得られなかった吸水性を実現。優れた物理・化学的性能と加工性の良さを生かし、各種表面処理剤、改質剤、バインダーなど幅広い用途で使用されている。	

情報通信材料・機器事業		
電子回路用材料	TAB用接着テープ、半導体用接着シート、高熱伝導接着シートなどの製品を取り揃える。高度なフィルム加工技術と高性能な接着剤の合成技術をもとに製造されるこれらの製品は、電子回路関連技術が進展するなかで高い信頼性を発揮し、LSIの薄型パッケージや電子回路のファイン化・高密度化を可能にする。	
半導体関連材料	半導体や電子部品の保護膜、絶縁膜として使用されるポリイミドコーティング剤が主力。なかでも非感光性ポジ型フォトニースは高解像パターン形成に高い信頼性を発揮しているほか、環境配慮型の製品として年々シェアを拡大。	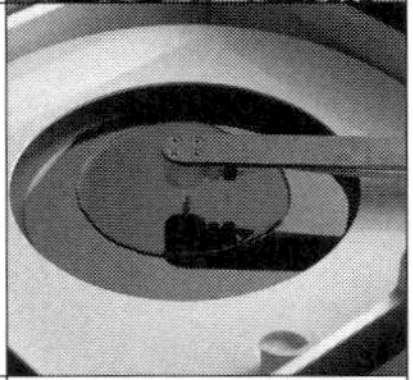
ミクトロン	**パラ系アラミドフィルム**　高剛性、高耐熱性、ハイバリア性などの優れた特性を有する。コンピューターの高密度メモリーテープに実用化されているほか、独自の特性を生かし回路基板や各種振動板などの工業材料用途への展開を進めている。	
フィルム加工製品	東レのルミラー、トレファン、トレリナに金属を蒸着したコンデンサー用フィルムや、液晶関連部材（反射板・シールドフィルム）などを取り扱い、電子部品、OA機器などに広く使用されている。	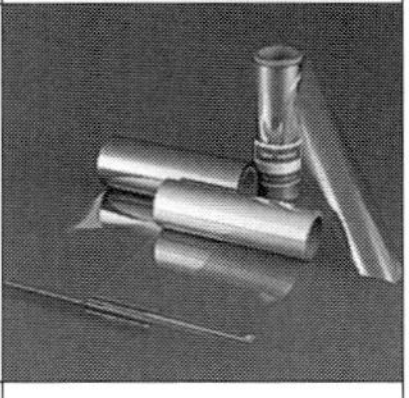
シリコーン（ケイ素系化学製品）	ケイ素と酸素からなるシロキサン結合を骨格としたポリマーで、優れた特性（耐熱・耐寒性、耐候性、電気絶縁性、化学的安定性、撥水性、消泡性、離型性など）を持つ。形態はオイル、エマルジョン、レジン、ワニス、ゴム、パウダーなど多様で、用途も化粧品、紙、繊維、プラスチックスなど日用品をはじめ、電子・電機、自動車、機械、建築・土木材料など多岐にわたって、さまざまな分野で利用される。	

トレセラム	**ニューセラミックス** 東レの先進技術によって生まれた高性能のファイン・セラミックス製品。ジルコニアを中心とする高機能・高品質な原料素材を使用し、粉砕用途、センサー用途、半導体用途など、多くの先端分野で幅広く使用されている。	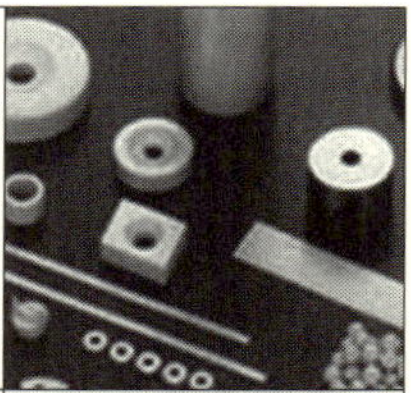
トプティカル	**液晶ディスプレイ用カラーフィルター** ポリイミドをベースにした顔料分散方式による高精細カラーフィルターは重金属成分を使用しない環境配慮の設計で、色特性、耐熱性、耐久性に優れる。携帯電話やゲーム機、カーナビゲーション、モニターなど幅広い用途に採用されている。	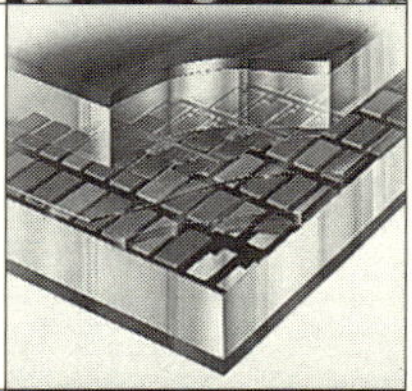
東レ水なし平版	**湿し水不要平版材** 湿し水を使わずにオフセット印刷が可能な印刷版材。高品質な印刷が容易に実現できるため生産性向上とコスト低減に力を発揮し、また印刷工程で廃液を発生させないため環境保全にも貢献。レーザー光で印刷データを作成する東レ水なしCTP版は、印刷のデジタル化をリードする版材として印刷業界で評価が高い。	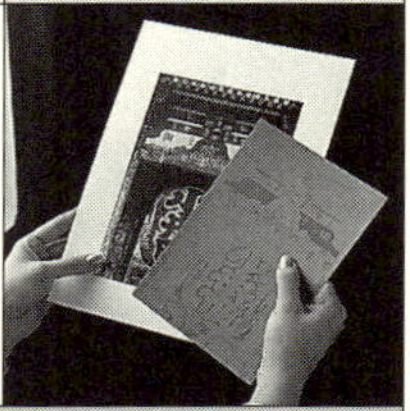
炭素繊維複合材料事業		
トレカ	**PAN系炭素繊維** 東レは世界最大の炭素繊維メーカーとして研究開発、マーケティングを展開。「軽くて、強くて、剛い」という優れた特性を生かし、航空・宇宙分野やスポーツ・レジャー用品、一般産業用途までさまざまな用途に展開。需要拡大が期待されており、複合材料分野での世界のリーダーとして市場拡大を狙う。	
トレカプリプレグ	**PAN系炭素繊維プリプレグ** 中間製品であるプリプレグ（炭素繊維に樹脂を含浸させたシート状のもの）は、トレカの品質特性を生かし、航空機ボーイング777の尾翼、787の機体、777Xの主翼（2020年から）などの航空用途や、ゴルフクラブのシャフト、釣り竿、テニスラケットのフレームなどのスポーツ用途を中心に幅広く用いられる。	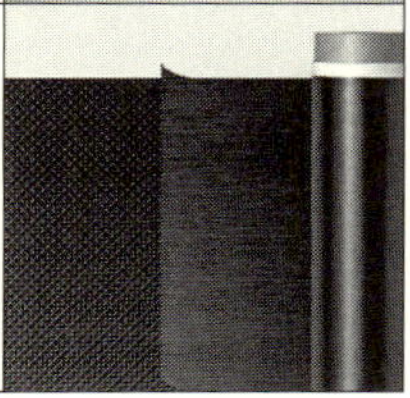

トレカ コンポジット	トレカを中心に使用した成型加工品で、天板・カセッテなどの医療用機器、産業機械のロール・ドクターブレードなどに加え、パソコンの筐体や燃料電池・電極用基材などの新しい用途へ事業を拡大。さらに、プロペラシャフト、外板などの自動車用部材、鉄道用高欄などの土木・建築部材など、一般産業用途向けの大型構造体の事業も進めている。	
環境・エンジニアリング事業		
水処理膜	逆浸透膜、ナノろ過膜、限外ろ過膜、精密ろ過膜など4種類すべての膜を揃え、あらゆる原水（海水、河川水、下水、廃水）、水（超純水、飲料水、工業用水、農業用水、灌漑用水、中水）をつくることが可能。	
	逆浸透膜エレメント「ロメンブラ」 先進的な高分子技術によって開発された逆浸透膜エレメント。海水やかん水の淡水化から、超純水の製造、あるいは排水の処理および再利用から有価物の回収や食料品の濃縮まで、幅広く活用できる豊富な製品を揃える。	
	限外ろ過、精密ろ過膜モジュール「トレフィル」 優れた除去性能、耐久性、透水性を有し、飲料水製造、工業用水および下廃水の処理をはじめとする、幅広い用途に使用される。	
	膜分離活性汚泥法用浸漬膜モジュール「メンブレイ」 膜分離活性汚泥法（MBR）用に開発された浸漬型の膜モジュール。優れた除去性能、耐久性、透水性で、下水・産業廃水の処理・再利用に使用されている。	
トレビーノ	**家庭用浄水器** 独自開発の中空糸膜と活性炭などを組み合わせた家庭用浄水器。残留塩素と一般細菌・原虫類やニゴリ・鉄サビなどのミクロの汚れを取り除く優れた性能を持つ。豊富なラインナップを揃える。	
トレクリーン	**空調用エアフィルター** ビル空調用や産業プロセス用として最適なエアフィルター。エレクトレット極細繊維不織布 トレミクロンと独自の設計技術によりミクロの汚れを強力に捕集する性能を発揮するとともに、低圧力損失性能、長寿命により業界で高い評価を得ている。	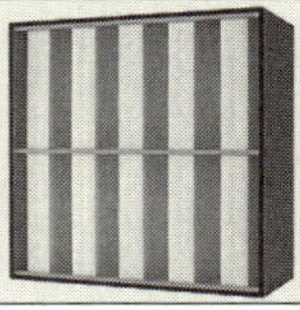

ライフサイエンス事業		
フエロン	**天然型インターフェロンβ製剤** 1985年、東レは日本で初めてインターフェロン製剤フエロンを商品化。現在では、膠芽腫、髄芽腫、星細胞腫、皮膚悪性黒色腫といった腫瘍や、B型肝炎、C型肝炎、C型代償性肝硬変を適応症として処方されている。	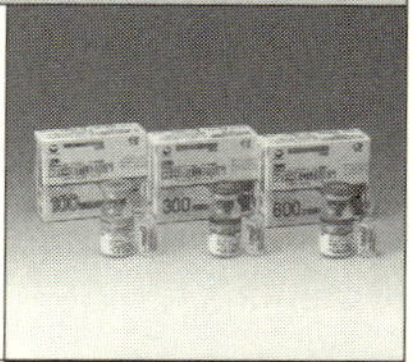
ドルナー	**経口プロスタサイクリン(PGI2)誘導体製剤** 世界初の経口投与可能なプロスタサイクリン(PGI2)誘導体製剤。抗血小板作用と血管拡張作用により、慢性動脈閉塞症および原発性肺高血圧症治療に用いられている。	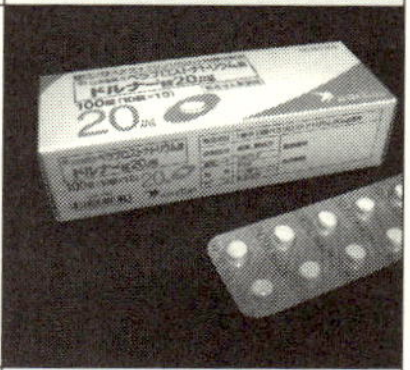
トレミキシン	**血液浄化器** ポリスチレン誘導体繊維に、抗生物質のポリミキシンBを共有結合で固定化した繊維状吸着材を構造体に持つ血液浄化器。血液の体外循環により、ポリミキシンBに血中エンドトキシンを選択的に吸着させ除去。敗血症治療用血液浄化器として病態改善に効果。	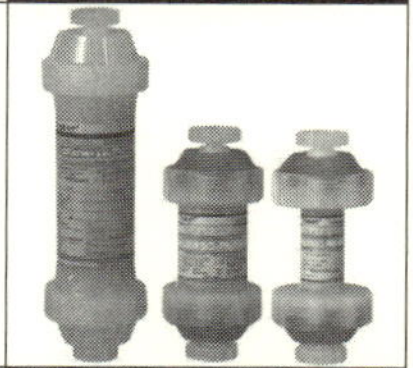
イノウエ・バルーン	**バルーン拡張式弁形成術用カテーテル** 経皮経静脈的に心臓内に挿入し、バルーン部分を砂時計型から俵型に膨らませて、癒着した僧帽弁を拡張するために用いられる。	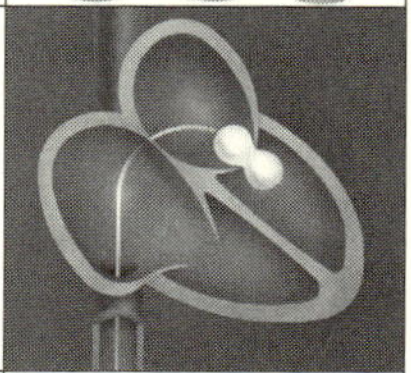
3D-Gene	**DNAチップ** DNAマイクロアレイとも呼ばれ、生命の設計図である多数の遺伝子(ヒトの場合では約25,000種といわれている)の状態を一度に調べ、生物の体の仕組みや病気の原因・状態を従来技術よりも高感度に調査・予測できる。研究用DNAチップを製品化し、新しい生命現象の解明に寄与するばかりでなく、微量のサンプルからより多くの遺伝子情報が得られるようになり、テーラーメイド医療の実現に向け、大きく貢献している。	

東レグループの歩み

一九二六年　東洋レーヨン㈱創立。滋賀工場設置認可（四月一六日を創立記念日とする）

一九二七年　滋賀工場が完成し、レーヨン糸を初紡糸

一九三八年　瀬田工場完成（スフ紡績の生産開始）。愛媛工場完成（当時は東洋絹織㈱）、レーヨンステープルの生産開始

一九四一年　独自技術により、ナイロン6の合成と溶融紡糸に成功。愛知工場を庄内川レーヨンから買収

一九五一年　米国デュポン社とのナイロンに関する技術提携契約調印。名古屋工場完成（ナイロン原料、ナイロン糸）

一九五三年　ナイロン樹脂「アミラン」の販売開始

一九五六年　中央研究所（滋賀）を設立

一九五七年　英国ＩＣＩ社とのポリエステル繊維などに関する技術提携契約調印

一九五八年　三島工場完成。ポリエステル繊維「テトロン」の販売開始

一九五九年　ポリエステルフィルム「ルミラー」の販売開始

一九六〇年　岡崎工場完成（産業用ナイロン糸）。（財）東洋レーヨン科学振興会［現（公財）東レ科学振興会］を設立

一九六二年　基礎研究所（鎌倉）を設立

一九六三年　ポリプロピレンフィルム「トレファン」の本格生産を開始。レーヨン糸の生産を収束

一九六四年　ロンドン、ルクセンブルク証券取引所に株式上場。絹調ポリエステル繊維「シルック」の生産販売開始。アクリル繊維「トレロン」工業生産開始。ＡＢＳ樹脂「トヨラック」の販売開始

一九六六年　ナイロン66「プロミラン」の生産販売開始

一九六八年　ポリオレフィンフォーム「トーレペフ」の本格生産販売開始

一九七〇年　社名を「東レ株式会社」に変更。千葉工場完成（「トヨラック」）。土浦工場完成（「トレファン」ＢＯ）。高級スエード調人工皮革「エクセーヌ」発売

一九七一年　岐阜工場完成（「ルミラー」）。東海工場完成（ナイロン、「テトロン」原料）。炭素繊維「トレカ」の生産販売開始

一九七四年　フランクフルト、デュッセルドルフ両証券取引所に株式上場

一九七五年　石川工場完成（「テトロン」糸）。レーヨンステープルの生産を収束

一九七六年　ＰＢＴ樹脂「トレコン」の販売開始。「東レ水なし平版」の開発に成功

一九七七年　人工腎臓システム「フィルトライザー」、感光性樹脂凸版材「トレリーフ」、抗血栓性材料「アンスロン」カテーテルの販売開始

一九八〇年　超ＬＳＩ電子線レジストの開発に成功

一九八一年　「ブレスオー」（白内障術後用高含水率ソフトコンタクトレンズ）販売開始

一九八三年　複合材料事業部門を新設

一九八五年　インターフェロンβ製剤「フエロン」の製造承認。技術センター（滋賀）を設置

一九八六年　家庭用浄水器「トレビーノ」の販売開始。創立六〇周年を迎え「新創業」を宣言

一九八七年　高性能クリーニングクロス「トレシー」の本格販売開始

一九八八年　国際部門、医薬・医療事業部門、電子情報機材事業部門、関連事業本部を新設

一九八九年　第二本社ビル（千葉県浦安市）竣工

一九九〇年　湖沼浄化システム「トレローム」の販売開始。ファッション部門を新設

一九九一年　地球環境研究室を設置。長期経営ビジョン「ＡＰ-Ｇ２０００」を発表。東レ・デュポン㈱が「ケブラー」の生産開始。ＡＣＥ事業部門を設立

一九九二年　アラミドフィルム「ミクトロン」の本格販売開始

一九九三年　ＴＦＴ方式液晶ディスプレー用カラーフィルター事業本格展開

一九九四年　液晶ポリマー事業開始。コンパニオンアニマル用遺伝子組換え型インターフェロン製剤「インターキャット」の販売開始

一九九五年　新「経営理念」を制定

一九九六年　生分解性釣り糸「フィールドメイト」の販売開始。「東レ総合研修センター」（三島）を開所

一九九七年　新長期経営ビジョン「Ｎｅｗ ＡＰ-Ｇ ２０００」を策定

二〇〇〇年　環境対応セラミックブロック「トレスルー」の販売開始

二〇〇二年　新長期経営ビジョン「ＡＰ-Ｎｅｗ ＴＯＲＡＹ 21」策定。経営改革プログラム「プロジェクトＮｅｗ ＴＯＲＡＹ 21」を開始

二〇〇三年　シンガポールの水再生プラント用およびスペインの産業廃水再利用プラント用の低ファウリング逆浸透膜エレメントを受注。先端融合研究所（鎌倉）を開所。植物由来生分解性ポリマーのポリ乳酸を原料とする繊維事業を開始

二〇〇四年　東レ合繊クラスター発足。中期経営課題「プロジェクトNT-Ⅱ」開始。非ハロゲン・非リン系難燃性PETフィルム開発

二〇〇五年　本社ビルを日本橋三井タワーへ移転。世界初のイヌインターフェロン製剤「インタードッグ」の販売開始。下廃水処理膜で世界初のゼロエミッション型MBRを実証。エアコン部品のガラス繊維強化AS樹脂のマテリアルリサイクルを開始

二〇〇六年　ユニクロと戦略的パートナーシップ契約開始。超高感度DNAチップ「3D-Gene」販売開始。長期経営ビジョン「AP-Innovation TORAY 21」、中期経営課題「プロジェクト IT-2010」を策定

二〇〇八年　名古屋事業場に「オートモーティブセンター」を開所

二〇〇九年　中期経営課題「プロジェクト IT-Ⅱ」を策定。バレーボール2008/09V・プレミアリーグで、男女アローズが史上初のアベック優勝（女子は二連覇）

二〇一〇年　日覺昭廣が代表取締役社長COOに、榊原定征が代表取締役会長CEOに就任

二〇一一年　日覺昭廣が代表取締役社長COO兼CEOに就任。長期経営ビジョン「AP-Growth TORAY 2020」、中期経営課題「プロジェクトAP-G 2013」を策定。E&Eセンター（瀬田）を設立。世界初「完全バイオマス原料由来ポリエチレンテレフタレート（PET）繊維」の試作に成功

二〇一二年　世界初、二層カーボンナノチューブを使った電子ペーパー用「CNT透明導電フィルム」の量産化技術を確立

二〇一三年　タイ進出五〇周年、インドネシア進出四〇周年、マレーシア進出四〇周年

二〇一四年　榊原定征が日本経済団体連合会（経団連）会長に就任。中期経営課題「プロジェクトAP-G 2016」を策定。生体情報の連続計測ができる機能素材「hitoe」を発表

二〇一五年　米国ボーイング社・新型機「777X」向けに炭素繊維「トレカ」プリプレグを供給する包括的長期供給契約を締結

二〇一六年　創立九〇周年記念の一環で「未来創造研究センター」設立を決定（二〇一九年末完成予定）

参考文献

『時代を拓く　東レ70年のあゆみ』（東レ株式会社）
『東レ70年史』（東レ株式会社）
『アニュアルレポート』（東レ株式会社）
『東レグループＣＳＲレポート』（東レ株式会社）
『リーディング・カンパニーシリーズ 東レ』（小社刊）
東レグループ各社ＩＲ資料、刊行物、ニュースリリース・発表資料およびホームページ
旭化成ＩＲ資料
新聞各紙、雑誌各誌、ほか

【ま】

【や】

【ら】

【わ】

【な】

【は】

索引

【さ】

【た】

索 引

著者プロフィール
井上正広（いのうえ・まさひろ）
ジャーナリスト。1965年東京都生まれ。立教大学文学部フランス文学科卒業。交通新聞社、日刊工業新聞社、選択出版などでの記者経験を経て、現在、ダイヤモンドＰＲセンター勤務。その傍ら、運輸、製薬、合繊、流通分野を中心に業界リサーチや企業分析の記事を雑誌やオンラインメディアに執筆。著書に『ひと目でわかる！　図解旭化成』（共著／日刊工業新聞社）など。

佐藤眞次郎（さとう・しんじろう）
産業ジャーナリスト。1949年生まれ。化学工業日報社で化学機械・エンジニアリング、合成繊維、ファインケミカル、石油化学、エレクトロニクス、行政を担当、総合デスク、編集局長を経て、取締役就任。名古屋支局長、大阪支社長、論説主幹、論説顧問を歴任。

久野康成（くの・やすなり）
久野康成公認会計士事務所所長、株式会社東京コンサルティングファーム代表取締役会長。東京税理士法人統括代表社員。公認会計士・税理士・社団法人日本証券アナリスト協会検定会員。1965年愛知県生まれ。滋賀大学経済学部卒業。1990年青山監査法人（プライスウォーターハウス）入所。1998年久野康成公認会計士事務所を設立。営業コンサルティング、IPOコンサルティングを主に行う。『海外直接投資の実務シリーズ』（TCG出版）など著書多数。

リーディング・カンパニー シリーズ「東レ 改訂版」

2016年12月17日　初版第1刷発行
著　者　井上正広　佐藤眞次郎　久野康成
発行所　株式会社出版文化社（ISO14001 認証取得：JQA-EM2120）
〈東京本部〉
〒101-0051 東京都千代田区神田神保町2-20-2 ワカヤギビル2階
TEL：03-3264-8811㈹　FAX：03-3264-8832
〈大阪本部〉
〒541-0056 大阪府大阪市中央区久太郎町3-4-30
船場グランドビル8階
TEL：06-4704-4700㈹　FAX：06-4704-4707
受注センター TEL：03-3264-8811㈹　FAX：03-3264-8832
E-mail：book@shuppanbunka.com
発行人　浅田厚志
印刷・製本　株式会社シナノパブリッシングプレス

当社の会社概要および出版目録はウェブサイトで公開しております。
また書籍の注文も承っております。→ http://www.shuppanbunka.com/
郵便振替番号　00150-7-353651

Directed by Shinichiro Seki

ISBN978-4-88338-609-3　C0034